「食」の図書館

オリーブの歴史

OLIVE: A GLOBAL HISTORY

FABRIZIA LANZA
ファブリーツィア・ランツァ【著】
伊藤 綺【訳】

原書房

目次

序章　6000年の歴史をもつオリーブ　7
神聖な血統の証し　8
本書の構成　11
第1章　オリーブの起源　17
野生のオリーブ　17
栽培のはじまり　20
クレタ島　23　　エジプト　24
『オデュッセイア』に登場するオリーブ　24
パレスチナ　25
ギリシア神話とオリーブ　27
イタリア半島へ　30
ローマ人がオリーブを広める　32

オリーブ栽培の衰退 34
オリーブの再発見とキリスト教 36
貿易品としてのオリーブ 38
冷害 41

第2章 宗教とオリーブ 43

オリーブの象徴的価値 44
ユダヤ教・キリスト教とオリーブ 48
人と神をつなぐもの 54
香油・香膏 56 ランプ 61
聖母マリアとオリーブ 64
祝祭と儀式 67

第3章 収穫、搾油、保存 71

原始的なオリーブ油のつくりかた 73
ローマ人の功績 77
収穫の鉄則と等級 79

「実」を食べる　86
保存の方法　90
バター派 対 オリーブ油派　96

第4章　新大陸に伝わったオリーブ　101

オリーブなんてぞっとする　101
修道士、オリーブを植える　104
カリフォルニアのオリーブ栽培　106
イタリア系アメリカ人　108
オリーブの缶詰　112
大寒波の影響　118

第5章　地中海式ダイエット　121

「地中海ブーム」に根拠はあるか　122
食習慣の研究　125
オリーブ油ブームが示すもの　131

オリーブの品種　137
謝辞　147
訳者あとがき　149
写真ならびに図版への謝辞　152
参考文献　154
レシピ集　169
注　173

［……］は翻訳者による注記である。

序章◉6000年の歴史をもつオリーブ

オリーブの歴史は人類の歴史とほぼ同じくらい古い。

オリーブの木は十分に収穫できるようになるまで35年かかり、何世紀も生きつづける。30年も辛抱強く待った最初の人物とはいったいどんな人物だったのだろう?

それが誰であれ、オリーブが太古の昔から人間とともに生きてきたことは周知のとおりだ。オリーブは数々の文学作品に描かれ、さまざまな象徴（シンボル）のひとつとして、また信仰の場を明るく照らす灯明《とうみょう》として、私たちの文化と食生活を豊かにしている。

この果樹の野生種は少なくとも紀元前1万年には発見されていたと考えられ、栽培種は紀元前4000年頃に現れた。これは少なくとも、人類が最初に定住し、土地を耕して作物を収穫するようになった農耕のはじまりの頃にまでさかのぼる。

つまりオリーブの長きにわたる歴史、その象徴としての重要性、さらには油を搾《しぼ》り、保存加工するのに不可欠だった技術をたどるには、この薄い一冊の本のなかで6000年におよぶ航海に乗りださなければならないことを意味する。これは、無限に近い数の物語や伝説、さまざまな地域や文明の慣習と伝統がぞくぞくと登場する心躍る航海である。

こうした文化は、時代も場所も現代の文化からはかけ離れているかもしれないが、そのどれにおいても、オリーブは食料や化粧品としての用途をはるかに超えた、威厳さえ漂う高い地位を得ている。

◉神聖な血統の証し

ホメロス、ウェルギリウス、カトー、プリニウス（通称「大プリニウス」）、アリストファネス、ダンテ、シェイクスピア、フレデリック・ミストラル、ファン・ゴッホ、カルヴィーノなど、多くの詩人や科学者、芸術家、歴史学者がオリーブの木を称え、この果樹に西洋世界の真の象徴という地位を与えてきた。

オリーブの木の下で生まれることは、神聖な血統の証しだった。神の血を引くアルテミスとアポロンも、ロムルスとレムスも、オリーブの木の下で生まれている。オリーブ材は不屈の精神と卓越した才能を表し、オデュッセウス［トロイア戦争におけるギリシア側の大将で、ホメロスの大叙事詩『オデュッセイア』の主人公］の果てしない旅路のあいだにも、たびたび登場する。オデュッセウスのベッドはオリーブの古木から彫られたもので、またキュクロプス［ひとつ目の巨人］の目に突き刺した丸太も、はたまたオデュッセウスが筏《いかだ》をつくるのに使った斧の柄もオリーブ材だった。

太古の昔から、体に油を塗ること［塗油《とゆ》］は来世に近づくための方法として好まれてきた。油と香料を混ぜあわせた香油や軟膏《なんこう》は、バビロニア人や聖書の預言者たちに神聖視され、古代ギリシアの運動競技者や戦士の埋葬に不可欠だったほか、キリスト教のサクラメント［キリスト教で、神の恩恵を信徒に与える儀式のこと。ローマカトリックでは「秘蹟」といい、洗礼・堅信・聖体・告解・終油・叙階・婚姻の7つがある］においても重要な役割をはたしていた。中世には、聖油は稀少なうえ非常に神聖なものとされ、キリスト教徒の殉教者の骨からじかに流れでているといわれていた。

油がいまなお変わらぬ強い影響力をもちつづけていることは、輸入されたオリーブ油がアメリカに住むヨーロッパからの移民にそれとなくアイデンティティの意識を伝えているという事実からもわかる。オリーブ油は、彼らの祖国の味への渇望だけでなく、郷愁などの漠然とした欲求も満たしているのだ。

最高のオリーブ油は、熟しきらないうちに収穫したオリーブからつくられる。

◉本書の構成

オリーブの6000年におよぶ歴史を概観するには、やはりオリーブの木そのものについて、先史時代から現代までを簡単に説明することからはじめなければならない。それは地中海を行き来しながら東方から西方へ、そしてしだいにヨーロッパ全土を征服していったあまたの船の多様で複雑な物語である。

第2章では、オリーブとその油がこれまではたしてきた象徴的役割を、エジプトとエトルリアの墓での宗教的儀式から、キリスト教のサクラメント、さらにはオリーブ収穫期に南フランスのプロヴァンス地方と中部イタリアで前世紀に行なわれていた儀式までをたどっていく。

第3章ではオリーブ油の抽出法の歴史を、オリーブを粉砕するのにもちいたもっとも初期の石臼《うす》から、古代でさえ往々にして工業的規模だった原始的な圧搾機、さらには19世紀のより精巧な機械にいたるまでくわしく解説していく。古代ローマ人が培ったオリーブの栽培、収穫、圧搾にかんする知識や技術は、中世のあいだ何世紀にもわたり失われていたが、不思議なことに、あたかも地下の泉のように現代に再び姿を現した。

第4章では、スペイン帝国が南米を侵略した結果として、オリーブが新大陸にもたらされた経緯について述べている。オリーブがひとたびカリフォルニアの肥沃な土壌に定着すると、その栽培を引き受けたのはおもに地中海諸国からの移民だった。彼らは遠く離れた異国で、この祖国をなつかしく思いださせる果樹を喜んで育てた。

本書は最後に、地中海式ダイエット［地中海沿岸地域の伝統的な食習慣。オリーブ油を多用する］についていくつか疑問を投げかけて締めくくっている。1950年代から提唱されはじめたこの食事法は、オリーブ油の有効性について新しい考えをもたらした。この新たなオリーブ油人気の背後に、ひょっとして科学者や医師、ダイエット専門家による栄養学的・医学的議論をはるかに超えた何らかの意図が隠されているのだろうか？　また、私たちがオリーブ油を好むのにはもっと深い理由があるのだろうか？　これらは興味をそそる疑問である。

オリーブ油を使ったレシピは数多くあるが、オリーブの果実を使ったレシピはそれにくらべやや少ない。巻末のレシピ集は料理の種類別に紹介しており、たとえばオリーブ油がどんなふうにプロヴァンス地方のアイヨリ［ニンニク入りマヨネーズソース］や、イタリア北西部リグリア地方のペストのようなソースのベースになっているかを国ごとに比較している。

オリーブ油にひたしたパンは、ローマではブルスケッタ（bruschetta）、ニースではブリッサ（brissa）、イタリアのトスカーナ地方ではフェットゥンタ（fettunta）と呼ばれているが、

ブロッコリーと黒オリーブのオーブン焼き。レシピは159ページ参照。

いずれにしても地中海式ダイエットの基本要素だ。

オリーブ油はいまも、南ヨーロッパの一部の伝統的な菓子やデザートに好んで使われている。油脂にオリーブ油を使うことで、バターを使ったフランス風のパティセリー[生地を使ってつくる菓子。ペストリー」とはまったく異なる、まぎれもない地中海風の食感と味になる。

ティグリス川とユーフラテス川のあいだで数千年前にはじまったこの旅は、シチリア島の揚げ菓子カッサテッレ（cassatelle)、ギリシアのクッキー、メロマカロナ（melomakarona）へと私たちをいざなう。つづいてオーストラリア、そしてアジアへ――オリーブは、次はいったいどこに私たちを連れていってくれるのだろうか。

生地にオリーブ油を混ぜ、リコッタチーズ［ホエーからつくるイタリアのフレッシュチーズ］を詰めたシチリア島の伝統的な揚げ菓子、カッサテッレ。レシピは156ページ参照。

第1章◉オリーブの起源

地中海全体が、口に中に広がる黒オリーヴの、酸味が強くぴりりとした味わいのうちに浮かびあがってくるようだ。肉やワインよりも古い味。水と同じくらい古い味がする。地中海だけが、ほかのどの自然の産物でもなく、オリーヴとその油と同じくらい古くからこの地域の一部であり、古代から現在にいたるまで文明を形づくってきたように思える。

――ロレンス・ダレル『予兆の島』

◉野生のオリーブ

とげの多い不格好な低木である野生種のオリーブ、オレアスター（oleaster）が正確にはいつ最初に現れたのか、それを特定するのは容易ではない。野生種のオリーブが何千年も前か

アデレード・レオーネ「オレアスター」

ら地中海沿岸全域に自生していたことはたしかだ。

旧石器時代のオリーブの化石が南フランスやピレネー山脈、ドイツで発見されており、スペインで発掘されたものは、放射性炭素年代測定法では紀元前６０００年のものと判明している。

食用に適さない小さな黒い実をつけるオレアスターは、果肉の多い半透明の果実をつける見た目も立派な栽培種オリーブ（学名 *Olea europaea* オレア・エウロパエア）とは似ても似つかない。オレア・エウロパエアは長期の旱魃《かんばつ》に耐えるが、強い寒さに長くさらされることには耐えられない。

気温がマイナス８℃を下まわらない高地でもっともよく生育するが、適した高度は緯度によって変わる。たとえばシチリア島では、エトナ山の海抜９００メートルの高地で栽培され、いっぽう中部イタリアでは、３００〜４００メートルを超える高地で見かけることはまずない。

古代ギリシアの科学者テオフラストスによれば、オリーブは海から53キロ以上離れた場所で栽培してはならないという。このため、オリーブは地中海沿岸のほぼいたるところで目にすることができる。

オレア・エウロパエアがいつどこで最初に栽培化されたかについてはよくわかっていない

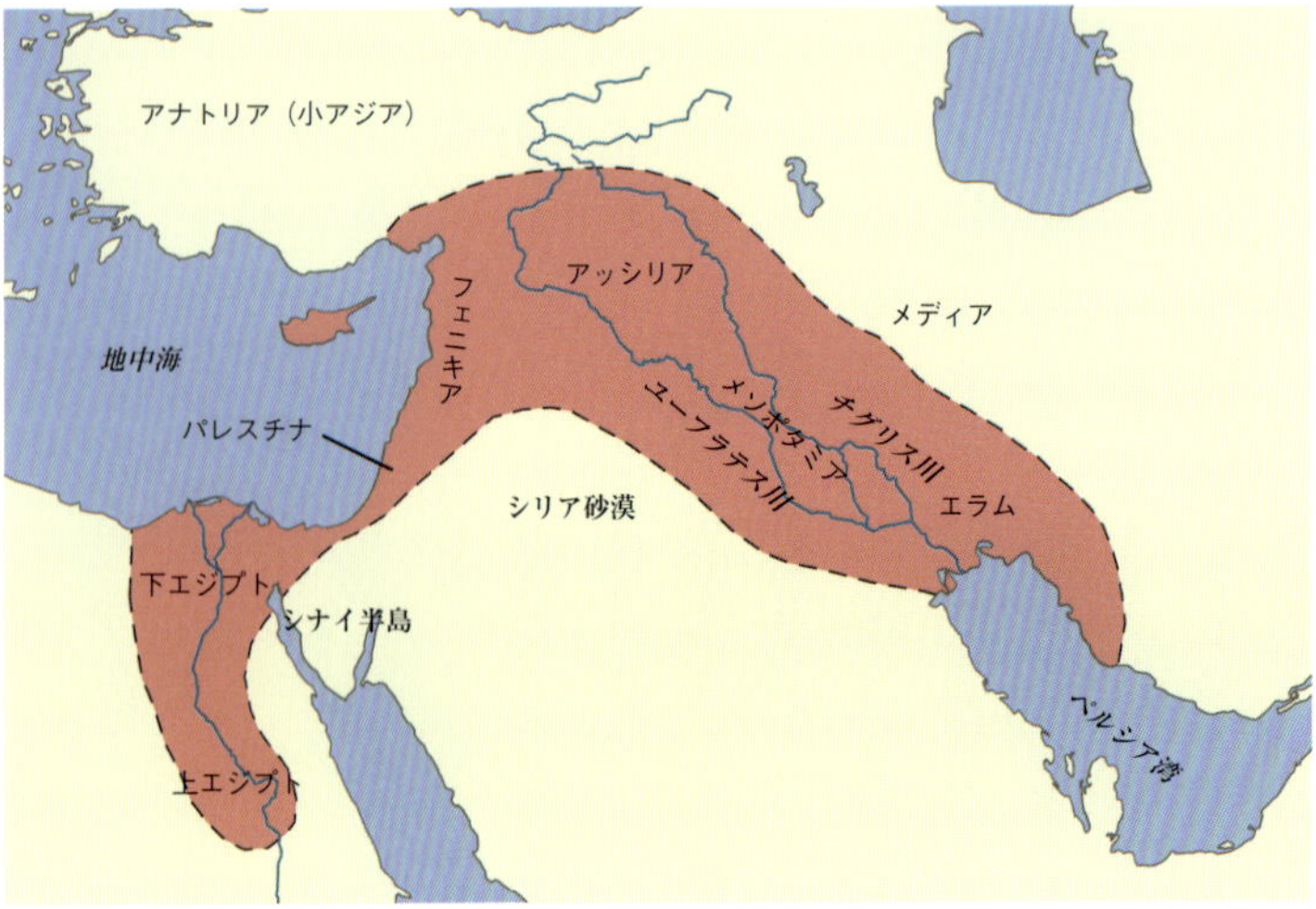

肥沃な三日月地帯

が、人間がはじめて野生植物を栽培化し、動物を家畜化した肥沃な三日月地帯に近いどこかだったと考えるのが妥当だろう。ティグリス川とユーフラテス川周辺に広がるこの地域は、西はシリアを通ってレバノン沿岸に、南はアフリカの砂漠地帯へ向かって伸びており、ここで土地はナイル川の氾濫によって周期的に灌漑《かんがい》される(1)。

●栽培のはじまり

オリーブの栽培化、栽培、交易の最古の証拠は、シリア、パレスチナ、クレタ島の各地で発見されている。これまでにわかっていることから、オリーブ栽培はこの3つの地域で別々に発達したと考えられる。

古代からオリーブを指すおもなふたつの言葉、ギリシア語のエレア（elea）とセム語のツァイト（zeit）の言語的分布がこの説を裏づけている。[2] 地中海周辺地域でオリーブやオリーブ油を表すさまざまな名称は、このふたつの言葉から派生している。エレアにしても、それを西欧風にいい換えたオレア（olea）にしても、西洋世界の全域でみられる。

いっぽうセム語のツァイトはシリアにその起源をたどることができ、エジプト人に続いてアラブ人にもとり入れられ、アラブ人はその大規模な征服活動によってこの言葉を広く行きわたらせた。

正確な原産地がどこであろうと、そこはオリーブの木が豊かに生い茂ることが可能な、雨が少なく青天の多い地中海周辺地域だった。聖書には、大洪水が終わったとき、ノアが放したハトがオリーブの枝をくちばしにくわえてもどり、地上から水が引いたことを知らせたと書かれている（「創世記」第8章11節）。

これ以外にも聖書にはオリーブの木とオリーブ油についての言及が多数あり、これはつまり、聖書が書かれるずっと以前から、おそらくオリーブの木がすでにアララト山［トルコ東部、イラン国境付近にある山。ノアの箱舟が乗りあげたとされる場所］に生い茂り、セム人［ユダヤ人の別称］によって栽培されていたということなのだろう。

また紀元前2000年には、アララト山からさほど遠くないバビロニア帝国のハンムラ

オリーブ山に古くからあるゲッセマネの園のオリーブの木

ビ王が、オリーブ油の交易にかんして厳格な規則を定めており、オリーブがすでにかなりの経済的重要性をもっていたことを示している。

◉クレタ島

西方に目を向けると、初期の古代ギリシアでは紀元前3500年頃、今日知られているオリーブの野生種と考えられるものがクレタ島で集約的に栽培されていた。紀元前2000年以降、オリーブの栽培が広がるにつれ、オリーブ油は島の経済において主要な役割をになうようになり、栽培はより組織的なものになっていく。

有名なミノタウロス伝説の舞台とされるクノッソス宮殿では、オリーブ油を保管するのに使用された、高さ2メートルの巨大なピトス（アンフォラ）［首が細長く底のとがった、ふたつの把手《とって》がついた壺］がならぶ広い貯蔵庫が出土している。クレタ島の古代都市ファイストスでは、オリーブ圧搾機のほか、オリーブ油の生産地と送り地を記した粘土板が発掘されている。

◉エジプト

クレタ島のオリーブ油は地中海全域、とりわけエジプトに売られていた。こうしたオリーブ油の貯蔵や交易のために建てられた場所があるという事実が、この油がミノス文明［紀元前2600〜紀元前1400年頃にクレタ島を中心に栄えた青銅器文化］期のクレタ島の経済システムを支える柱のひとつだったことをはっきりと物語っている。

ラムセス2世（在位　紀元前1279〜1212年頃）統治下のエジプトには、2700ヘクタールものオリーブ園で生産されたオリーブ油を神への供え物とした記録が残っている。

このオリーブ園はヘリオポリスの町の近くにあり、生産されたオリーブ油は太陽神ラーに捧げられ、その神殿の灯明の油に使われた。ラムセスの墓はもちろん、ツタンカーメン（在位　紀元前1333年頃〜1325年頃）の墓にも、魂があの世に向かう旅のための豪華な準備の品であるオリーブ油の壺を描いたフレスコ画が残っている。

◉『オデュッセイア』に登場するオリーブ

これはギリシアやパレスチナでも同様で、オリーブ油は非常に重んじられていた。

ギリシアの詩人ホメロスは叙事詩『オデュッセイア』のなかで、オデュッセウスと、パイエケス人の王アルキノオスの娘、王女ナウシカアとが出会う場面を描いているが、その際、よい香りのするオリーブ油に儀式的価値を与えている。オデュッセウスは筏で海を渡っていたときに激しい雷雨に襲われ、パイエケス人の国に漂着する。全身潮水まみれだったため、河で水浴し、王女ナウシカアとの面会にそなえてオリーブ油を体に塗る。

興味深いのは、ホメロスもヘシオドスもオリーブの木とオリーブ油に通じていて、野生種と栽培種とを見分けられたことだ（『オデュッセイア』第5歌477）。それにもかかわらず、どちらもオリーブをおもに単一種として言及している。またふたりにとってオリーブ油は、体に塗る香油や香膏《こうこう》［芳香のある軟膏］であり、けっして調味料でも食料でもなかった。

◉パレスチナ

産業革命前の時代において、オリーブの栽培化とオリーブ油生産がそれまでで最高の水準に達したのはパレスチナだった。

パレスチナでは、1台の搾油機（テルアビブ近くで最近出土したもの）が年間最大2000トンの油を製造できた。この油は灯火用および化粧用で、ナイル地域へは、エジ

シチリア島のオリーブの木

プト人の死体防腐処理と葬儀用に輸出されていた。エルサレムから数キロのところにあるエクロン（現テルミクネ）では、紀元前1000年のものと推定される、100台の搾油機をそなえた大規模なオリーブ加工場が発掘され、古代のものとしては最大規模の採油所のひとつと考えられている。

パレスチナ人が生産したオリーブ油はそのあとフェニキア人によって、マグナ・グラエキア［イタリア半島南部にあった古代ギリシアの植民市群］の植民者と競いながら快速船で地中海を渡り、エジプトを越え、キレナイカ［リビア東部地方。古代ギリシア・ローマの植民地］、カルタゴを過ぎて、シチリア島やサルデーニャ島、スペイン沿岸の市場へと運ばれた。

フェニキア人の植民者が紀元前800年頃、オリーブの木をイベリア半島にもちこんだことはわかっており、おそらくその後シチリア島に伝え、そこから地中海沿岸を飛ばして、ヨーロッパと北アフリカのほかの場所に伝えたのかもしれない。8世紀には、オリーブとオリーブ油は地中海全域にしっかりと根づいていた。

◉ギリシア神話とオリーブ

紀元前800年頃には、オリーブの木は神話に登場するほど、ギリシア経済にとって重

女神アテナの象徴であるふくろうと、その周囲にオリーブの枝が描かれた粘土製のスキュフォス（ふたつの把手がついた大杯）。プーリア地方、紀元前4世紀。

要なものになっていた。

よく知られているギリシア神話に、女神アテナと海の神ポセイドンがアッティカ地方の宗主権を争う話がある。オリュンポスの神々は、住民によりよい贈り物をしたほうにこの地を治めさせることにした。ポセイドンは白馬を出現させ、三叉戟《さんさのほこ》で地を打って塩水の泉を湧きださせた。いっぽうアテナはこの地方のもっとも小高い丘（アクロポリス）にオリーブの木を生じさせた。住民はアテナの贈り物を選び、その名にちなんで都市をアテナイと名づけた。

伝説によると、紀元前480年の第2回ペルシア戦争中、アクロポリスのオリーブの木が焼きはらわれたが、その翌日には新しい枝が出て、2世紀になってもまだ生きていたという。

それ以来、女神アテナの贈り物は古代ギリシ

オリーブの枝をもち、右手に布をかけただけの裸体の運動競技者を彫りこんだ、サード（紅王髄）製の封印石。ゆったりとした衣をまとった勝利の女神がオリーブ冠を授けている。紀元前323～紀元前31年。

アのいわば国の象徴となり、オリーブの葉が硬貨に刻印された。またオリーブの枝でつくった冠が、紀元前556年以降4年ごとにヘカトンバイオン月の28日［7月中旬］に開催された、大パンアテナイア祭の運動競技会の勝者に贈られた。パンアテナイア祭の競技の賞品には、お金、金銀のメダルのほか、オリーブ油が入った大型の装飾アンフォラなどがあった(3)。

競技会用のオリーブ油を生産するための神聖なオリーブの木は、特別な法律のもとで保護されていた。最高級の役人アルコンと最高法廷アレオパゴス会議が管理してオリーブを採取し、この聖なる木を切ったり傷つけたりすることはきびしく禁じられていた。

◉イタリア半島へ

この頃には、シチリア島のギリシア植民市のほか、タレントゥムやシュバリスのようなイオニア海沿岸にあるギリシア植民市、さらに西方のマッサリア（現マルセイユ）でもオリーブ油が生産されるようになり、まもなく品質と量で本国と競いあうようになった。オリーブ油入りアンフォラを積んだ船が、地中海をひっきりなしに往復していた。

オリーブ栽培とオリーブ油の使用は紀元前18世紀から紀元前5世紀のあいだに、イタリア半島のギリシア植民市——おそらくシチリア島の植民市——からイタリア半島中部へと広まった。

イタリア半島内陸部では、北部のポー平原からアペニン山脈沿いに南部のベネヴェントまでの地域で、エトルリア人［イタリア半島中部に定住していた民族。独自の文化を築き、ローマ人ほか古代イタリア半島諸民族に多大な影響を与えた］がオリーブの木を育てるようになった。

こうした地域は以前からオリーブを栽培していたかもしれないが、やがてオリーブとオリーブ油は主要な農産物のひとつとなり、わずか数十年のうちにエトルリアの上流階級はギリシア、とりわけアッティカ地方にならって、このいままでなかった食材を使って新しい食習慣を発達させた。ワインが討論会、すなわちシンポジウム（ギリシア語のsunpinein「いっしょに飲む」に由来）にとり入れられ、ほどよくアルコールが入って哲学的議論がいっそう活発に行なわれた。

裕福なエトルリア人はオリーブ油を最高のぜいたく品とみなし、おもに化粧品として使用したほか、埋葬時の塗油や灯火用油にももちいた。

紀元前7世紀末頃には、エトルリア人は独自のオリーブの木を栽培し、独自のオリーブ油を生産するようになった。ここにきて、オリーブ油はもはや高価な農産物ではなくなり、誰にでも手が届くものになった。この時代のエトルリア人の墓に、それまで以上にオリーブ油の入った小瓶や油ランプが納められているのは、おそらくこうした理由からだろう。

タルクイニウス・プリスクス王（在位 紀元前616～578年）治世下のローマ人にブドウの栽培法とワインの製造法、オリーブの栽培法と収穫時期の見極め方、また最高のオリーブ油をつくる圧搾法について教えたのは、エトルリア人だった。

◉ローマ人がオリーブを広める

帝国の拡大にともない、ローマ人はオリーブをヨーロッパ全域に移植していった。気候が生育に適していた場所には、現在もオリーブ畑がそのまま残っている。

大プリニウスは紀元前1世紀に著書『プリニウスの博物誌』［中野定雄ほか訳、雄山閣］のなかで、オリーブとオリーブ油についてくわしく書いている。紀元前1世紀のはじめにはローマ帝国はヨーロッパ最大のオリーブ油生産国になっており、さまざまな品種のオリーブが北はガリアから西はスペインにいたるまで栽培されていたと記している。(4) オリーブ油の等級についての記述は今日でも通用するもので、ローマ人がオリーブ油に対し、香油や香膏としてだけでなく、やがては料理や食卓を非常に豊かにするものとしても並々ならぬ関心を抱いていたことを物語っている。

帝国が拡大するにつれ、イタリア半島のオリーブ油生産だけでは追いつかなくなり、ローマは需要を満たすためにさらに多くのオリーブ油を必要とするようになった。そこでオリーブ油は、帝国の属州から税金の代わりとして輸入されはじめた。ギリシアの思想家で伝記作家のプルタルコスは、カエサルの北アフリカ征服を賞賛しているが、それは、これによりローマが年間300万リットルのオリーブ油を確保したからだった。

テスタッチョ山は、こうした古代ローマのオリーブ油貿易と流通をいまに伝えている。これはローマ中心付近にある、高さ約40メートル、広さ約2ヘクタールの人工の丘で、紀元前2世紀から紀元前1世紀にかけてローマが輸入したオリーブ油運搬用アンフォラの破片が堆積してできたものだ。

テスタッチョ山のアンフォラの数を数えると、帝政時代に毎年32万個以上のアンフォラがローマに運ばれていたことがわかり、それはオリーブ油2万2480トンに相当した。この頃にはローマの人口が100万人になっていたことを考えると、ひとり当たり毎月約2リットルのオリーブ油を消費していたことになり、今日の基準からすればかなりの量になる。だがもちろん忘れてならないのは、オリーブ油が食用だけでなく、灯火用、化粧用、薬用、工業用としても使われていたことだ(5)。

◉オリーブ栽培の衰退

ローマ帝国が崩壊すると、オリーブ栽培は徐々に衰退していった。ローマ帝国の拡大期には温暖だった気候が全地球規模で寒冷化していき、そのため北方の民族が南下しはじめた。北方の国々では、もはや寒すぎてオリーブの木を育てることができなかった。ローマはしだいに属州とその地のオリーブ園に対する支配権を失っていったのである。

イタリア半島は、土地とより温暖な気候を求めて北方からやってくる新たな民族の侵入にたえずさらされた。戦争と破壊と飢えの時代がはじまり、交易は不可能になった。蛮族の侵入者が行く手に立ちはだかるものをことごとく破壊したため、田園地方はもはや安全に住める場所ではなくなった。オリーブ園は放棄され、住民は恐ろしくて移動もできず、ただ必死に隠れていた。

侵入してきた民族は異なる習慣と独自の農業の伝統をもち、ローマ人の子孫に新しい食習慣を押しつけた。侵入者の多くは、オリーブ油が生産されていない狩猟と森林の世界から、ビール、ラード（豚脂）、肉、牛乳といった食べ物の嗜好をもちこんだ。こうした人々にとって、オリーブ油はおそらく、甘味のあるバターとくらべて辛味のある酸っぱい味に感じられたと思われる。

イタリア、パンテレリア島のオリーブの木。枝が重みで下がり、地面にそって生育しているため、風から守られている。

ほどなくローマ人の手入れの行き届いた農場や野菜畑、ブドウやオリーブの集約栽培は打ち捨てられ、やがて森林になっていった。オリーブ油はまだつくられてはいたが、以前と同じように高価なものになってしまい、おもに貴族や上位聖職者しか買えなくなった。

その頃、南方からの新たな侵入者アラブ人が、アフリカに続いてヨーロッパにまで領土を拡大していた。アラブ人はオリーブ栽培を広めることにほとんど関心がなかったらしく、おそらく最初にローマ人が築いた北アフリカの広大なオリーブ園から必要なオリーブ油のほとんどを手に入れていたようだ。

シチリア島パレルモのノルマン王国国王ルッジェーロ２世の王宮に仕えたもっとも著名な地理学者のひとり、イドリーシー（１０９９～１１６５年頃）は、王国領で生育する植物の品種について報告書を作成しているが、オリーブにかんしては、シチリア島の南に位置するパンテレリア島で一度見かけたことがあるとしか書いていない。

◉オリーブの再発見とキリスト教

オリーブ油が再発見され、新たなオリーブ園が生まれるには、西暦１０００年まで待たなければならない。

「蛮族」のラードと肉の文化に対抗して、修道院と教会はオリーブ油にもとづいた対抗文化を推し進め、保護した。キリスト教徒は断食の慣習をよく守り、一年のほとんどの期間、バターやスエット〔牛や羊の腰部や腎臓の硬い脂肪〕、ラードなどの動物性脂肪を口にしなかった。断食は、敬虔《けいけん》な信者が従うべき規則以上のものになった。

断食は、キリスト教共同体のアイデンティティの象徴であり、そこへの帰属意識の証しであると同時に、キリスト教の起源の古さを知らしめ、自分たちこそがローマ文明最初のキリスト教殉教者の子孫だと主張するための手段でもあった。

オリーブの木はそれまで修道院の壁の向こうに隠され、教会に保護されて灯明用油やサクラメントを授ける際に使われていたが、いまや流行の先端を行くものになったようだ。マッシモ・モンタナーリのような研究者によれば[(6)]、新たなオリーブ油文化は、やはり新たな宗教であるキリスト教と同様にヨーロッパ人を引きつけたという（その頃キリスト教は、大部分がいまだ異教徒だったヨーロッパに普及しはじめていた）。

のちにオリーブ油は、ステータスシンボルでも、宗教的・文化的アイデンティティの証しでもなくなり、野菜とサラダの文化における最高位の調味料として、イタリアや南フランス、スペインの食習慣・調理習慣の一部にすぎなくなった。

イタリアのエミリア地方出身の紀行作家シャコモ・カステルヴェトロはプロテスタントで

あったため17世紀初頭にロンドンに追放されているが、オリーブ油で味つけした野菜は祖国の味そのものだと考えていて、深い郷愁を覚えていた。1614年、カステルヴェトロはこれについて短い論文を書き、ロンドンの後援者に送っている。論文のタイトルは『イタリアで生または調理して食されるすべての根菜、すべての香草、すべての果実について』というものだった。

●貿易品としてのオリーブ

だがオリーブは日常の食物になる以前から、すでに主要な貿易品だった。13世紀末にイタリア半島南部プーリア地方のバーリやオトラントのような南方にまで足を踏み入れた旅人は、オリーブの木がうっそうと生い茂る風景を目にしている。ヴェネツィアはじきにプーリア地方からオリーブ油を輸入して石鹸を製造し、さらにランプ用油をアドリア海沿岸はもとより、ヨーロッパ北部にも販売する重要な産業を発達させた。(7)

オリーブ油は石鹸製造になくてはならない原料になり、その貿易を保護するためのきびしい法律を通じて、ヴェネツィア共和国は北イタリア全域に政治的にも経済的にも強い影響力をおよぼすことができた。マルチリアーナと呼ばれる新型の船が、オリーブ油運搬のために建造された。これは非常に軽量な平底船で、オリーブ油を一度に数百バレル［1バレルは約163リットル］も運ぶことができた。

ヴェネツィアが石鹸とオリーブ油の貿易によって北イタリアで権力を強化していたいっぽう、フィレンツェでは、ヨーロッパ中で引っ張りだこになる新たな繊維製品が開発されていた。パリ、ブリュージュ、アントワープ、フランドル、ロンドンといった地域に向けて、フィレンツェはワインやオリーブ油とともに、良質の麻、絹、綿、毛織物を輸出した。

フィレンツェでは、オリーブ油は繊維に油脂加工をしたり、織物をすいたりするのに使われたが、それというのも常温で液体のままの油脂はオリーブ油だけだったからだ。トスカーナ地方の丘陵地帯で生産されるオリーブ油は、織物工房が使用するのに十分な量ではなかったので、イタリア南部のカラブリア地方やカンパニア地方から購入しなければならず、ヴェネツィアが承諾すればプーリア地方からもわずかに買うことができた。

ルネサンス期には、南イタリア産のオリーブ油は工業製品と灯火用油に欠かせないものになっていた。ヨーロッパ中からの高い需要に対してヴェネツィアはプーリア産オリーブ油の供給をにない、いっぽうジェノヴァは、トスカーナ人、ロシア人、ドイツ人、オランダ人、イギリス人とともに、カラブリア産オリーブ油を供給した。シトー会とオリヴェート会の修道士は、プーリア地方の先端にあるレウカ岬の岩だらけの高台を広大なオリーブ園に一変さ

「オリーブ」。イギリスの写本、『チューダー・パターンブック』より。1520～30年頃。

せた。この地方のどの港も、多くの外国船がひっきりなしに出入りしていた。

プーリア沿岸の町ガッリーポリには、ヨーロッパ中から外交使節団がやってきて事務所を開設し、つい1923年まで多くの領事館があった。プーリア地方とカラブリア地方のオリーブ油生産のピークは14世紀のフィレンツェの毛織物産業の絶頂期と一致しているが、17世紀にはイギリスとフランドルへの販売で再びピークに達している。

◉冷害

1709年の大寒波は、有史以来最悪の寒波のひとつだった。ギリシア、バルカン半島、イタリア、フランスの大部分、さらにはスペインにいたるまで、ヨーロッパ南部全域が冷害に見舞われ、オリーブの木のほとんどが枯れるか、放棄された。中部イタリアのトスカーナ地方だけはオリーブ園を維持し、拡大させていたが、18世紀半ば以降は、寒波以前の生産量を維持するのがやっとだった。

トスカーナが良質の食用油の生産に特化しはじめたのはこの時期で、それに対し南イタリアはまったく逆の方針をとって質より量を選び、おもにランプ油を生産するようになった。イタリア産のオリーブ油は食用にしても灯火用にしても、ロシアにまでおよぶヨーロッパ全域の市場に出まわるようになった。

18世紀が終わりに近づくにつれ、イタリアの大部分がオリーブ園でおおわれていった。ほかのオリーブ油は、プロヴァンス産にしろ、ギリシア産にしろ、スペイン産あるいは北アフリカ産にしろ、イタリア産に対し競争力の弱さを露呈しただけだった。この状態は、産業革命の世紀になり、製造業用途のオリーブ油と油脂が新たに登場するまで変わらなかった。

19世紀後半、イタリアのオリーブ油生産の拡大にストップがかかった。気候が不安定になっていることが明らかになり、寒波がたびたび発生していたが、1929年にはついに壊滅的な規模の寒波が襲った。

すでに20世紀初頭からオリーブ油生産が縮小しはじめていたことに加え、この頃は大規模な移住が発生した時期で、とりわけイタリア南部の労働力が激減した時期と一致する。農民が成功を夢見て海外へ移住すると、田畑や果樹園は見捨てられ、オリーブの木は世話されることなく放置された。

そのいっぽうで、アメリカやオーストラリア、ニュージーランドに移住したイタリア人は移住先にオリーブ栽培を伝え、オリーブ油を調味料やドレッシングとして使う祖国の食習慣を広げはじめた。新たな物語、そう、オリーブと新大陸のラブストーリーのはじまりである。

第2章◉宗教とオリーブ

私は宣戦の布告や降伏の勧告をもってきたのではありません。私が手にするのはオリーヴの枝、ことばも内容も平和そのものです。

――ウィリアム・シェイクスピア『十二夜』〔小田島雄志訳、白水社〕第1幕第5場

アジアにも、はたまたペロプスが
大いなるドリスの島にも生えたと聞いたことのない、
人の手をかりず、おのずとふたたび生え出でた、
敵《かたき》の槍をおののかしめた、
この土地に繁り栄える木、
おさな子をはぐくむ、灰色の葉のオリーヴ。
それには若者も、齢《よわい》に満ちた年寄も破壊の手を出すことはかなわぬ。

聖橄欖《かんらん》［常緑高木。日本ではかつてオリーブと混同していた］の守護をするゼウスの
いつも見開いた円い目が、
また輝く目のアテナが見守っている。
――ソポクレス『コロノスのオイディプス』［高津春繁訳、岩波書店］

◉オリーブの象徴的価値

オリーブの木とその果実はどうして、地中海沿岸に繁栄したあらゆる文明においてこれほど大きな象徴的価値をもつのだろう。

オリーブの重要性は、灯火用油や化粧品、食材といった基本的な用途をはるかに超えていた。オリーブの木は小麦、ワインとともに、地中海沿岸地域の――必ずしも地理的境界線とは一致しない――文化的世界、文化的アイデンティティを象徴する三位一体を構成し、数千年の歴史にわたり地中海沿岸地域のさまざまな文明を結びつけてきた。フランスの偉大な歴史学者フェルナン・ブローデルがオリーブの木を「地中海そのものの際立った特徴」とみな

オリーブの木は3000年も生きることができる。サルデーニャ島とプーリア地方にはいまも、オリーブの古代樹の広大な農園がある。

しているのもうなずける[1]。

　オリーブは長い年月をかけて成長し、ほぼ永遠に生きつづけるという事実も、オリーブが象徴的力をもつようになったことと無関係ではないはずだ。イタリアのことわざにもこうある。「私はブドウの木を植え、父はクワの木を植えた。だが祖父はオリーブの木を植えた」

　オリーブはまた栽培が容易で、あまり手がかからず、乾燥した気候とやせた土壌を好む。丈夫な果樹で、ソポクレスがこう述べているように、驚くべき生命力をもっている。「オリーブの木を切ったり焼きはらったりしても、すぐに新しい枝が出てくる」。最古の文明以来、オリーブの木とオリーブ油は多くの理由から、地中海沿岸地域において呪術的地位を与えられている。

　豊饒《ほうじょう》と再生、戦争への不屈の精神と抵抗、そして「時の流れ」の代名詞であると同時に平和と富の象徴でもあるオリーブは、さまざまな神話や宗教において強さと純潔の源泉とされ、医療的、宗教的、呪術的ニーズを満たしてきた。オリーブ油にはとても大きな力が宿るとされていたので、その製造工程のひとつひとつが儀式的重要性をもっていた。

　古代エジプトでは、オリーブの収穫は、労働者の純潔について定めた一定の規則にしたがって行なわなければならず、またオリーブ油を髪や顔、足に塗った者だけが神像に近づくことを許された。

オリーブの枝は、平和と調和の象徴だ。

ギリシアでは、処女と童貞の男性だけがオリーブを栽培する資格があると一般に考えられており、不浄な労働者は収穫に加わることを禁じられていた。

16世紀のフィレンツェの古典学者ピエル・ヴェットーリによると、ギリシアの男性は前夜に女性と性行為をしていない場合にかぎってオリーブを収穫できたという。

◉ユダヤ教・キリスト教とオリーブ

パレスチナはオリーブの木を最初に栽培化したとされる場所のひとつだけあって、オリーブ油は聖書のなかで非常に重要に扱われている。祝福や聖別のしるし、神が人に与えた承認のしるし、神に選ばれた民であることのしるしとして、オリーブ油はユダヤ教およびキリスト教文化の中心的要素だ。

ノアは洪水の水が地上から引いたかどうか確かめようとカラスを放したが無駄に終わったため、次にハトを放した。するとハトは、オリーブの枝をくちばしにくわえて帰ってきた。ハトとオリーブの枝は、神が人を許したことを知らせるとともに、神と人とのゆるぎない同盟を象徴している（「創世記」第8章11節）。

さらにオリーブとオリーブ油は、オリーブの木と蜜のある約束の地［神がアブラムとその

大洪水が終わり、ノアのもとにもどる白ハト。イタリア、パレルモ近くのモンレアーレ大聖堂のモザイク（部分）。12世紀。

油を保存するのに使われたガラス製のアラバストロン。フェニキア、紀元前5～紀元前4世紀。

子孫に約束したカナンのこと」の豊饒と生命力を表すこともあれば（「申命記」第8章8節）、服従と忠誠の見返りとして、神が人に与える贈り物を表すこともある。神の法に従う者は繁栄と幸福のしるしとして、オリーブ油、ワイン、小麦をあふれんばかりに産出するが、従わない者には厳しい運命が待っている。預言者ヨエルはこういっている。「畑は略奪され、地は嘆く。穀物は略奪され、ぶどうの実は枯れ尽くし、オリーブの木は衰えてしまった」（「ヨエル書」第1章10節）。

だがオリーブ油はたんに平和と繁栄の象徴であるだけでなく、何にもまして神聖のしるしである。

ツタンカーメンからイスラエル王国のダビデ王、ギリシアの英雄ユリシーズ（オデュッセウス）からパトロクロス〔トロイア戦争で英雄アキレウスに仕えた武将〕にいたるまで、洋の東西を問わず、王、王子、高官、貴族、英雄、運動競技者、聖職者は、みずからの神聖さや社会的地位の高さ、あるいは神々へ通じていることをはっきり示すために香油をもちいてきた。多くの宗教において、またさまざまな時代において、オリーブ油は神との密接な関係を示すとともに、威厳や不変性、健全性を表現するためのもっとも純粋で尊《とうと》い、説得力のある方法だった。

神はモーセに語りかけ、たっぷりの香料を入れた香油（聖別の油）を「香料師の混ぜ合わせ方に従って」つくりなさいと命じた（「出エジプト記」第30章22〜25節）。そしてこれをはじめとして、聖書にはたびたび香油が登場する。イスラエル王国初代の王サウルが聖別されて王になるとき、「サムエルは油の壺を取り、サウルの頭に油を注ぎ、彼に口づけして、言った。『主があなたに油を注ぎ、御自分の嗣業《しぎょう》〔受け継いだものの意〕の民の指導者とされたのです』」（「サムエル記 上」第10章1節）。

一世代のち、ユダ王国のダビデがサムエルによって油を注がれてイスラエル第2代の王となり、以後イエス・キリストまで「油を注がれた者（神権による王）」が続く。ヘブライ語の「mashiach（油を注がれて聖別された）」は「Messiah（メシア、救世主）」の語源で、またギリシア語の「Christós（油を注がれて聖別された）」から、王と聖職者と預言者の三役を兼ね備える者「Christ（キリスト）」という語が生成されている。

イエス・キリストの全生涯は、その神性のしるしとして、オリーブと聖油によって強調されている。

イエスが予言どおりエルサレムに入城した折り、群衆はシュロ（ナツメヤシ）の枝のほか、オリーブの枝を振り、歓呼して迎えている。

多くのカトリック諸国では今日、オリーブの枝は「枝の主日《しゅじつ》」［イエスのエルサレム入城を記念する日］に教会で配られ、信者はそのあと平和のしるしとして家にもち帰る。

中部イタリアでは、オリーブの枝には悪霊を追いはらう力が宿っていると考えられており、祝福された枝を自宅のドアの裏やベッドの上に飾っておけば、どんな種類の呪いや呪文からも守られるとされた。聖十字架賞賛の日［9月14日］には、シュロの茎やオリーブの枝でつくった十字架とろうそくを小麦畑に植えて、畑が火事や激しい雷雨から守られるように祈願した。その際、畑に雹《ひょう》が降らないように、教会の鐘をくりかえし速く鳴らしながら、嵐除けとしてオリーブの枝を燃やして煙を出した。

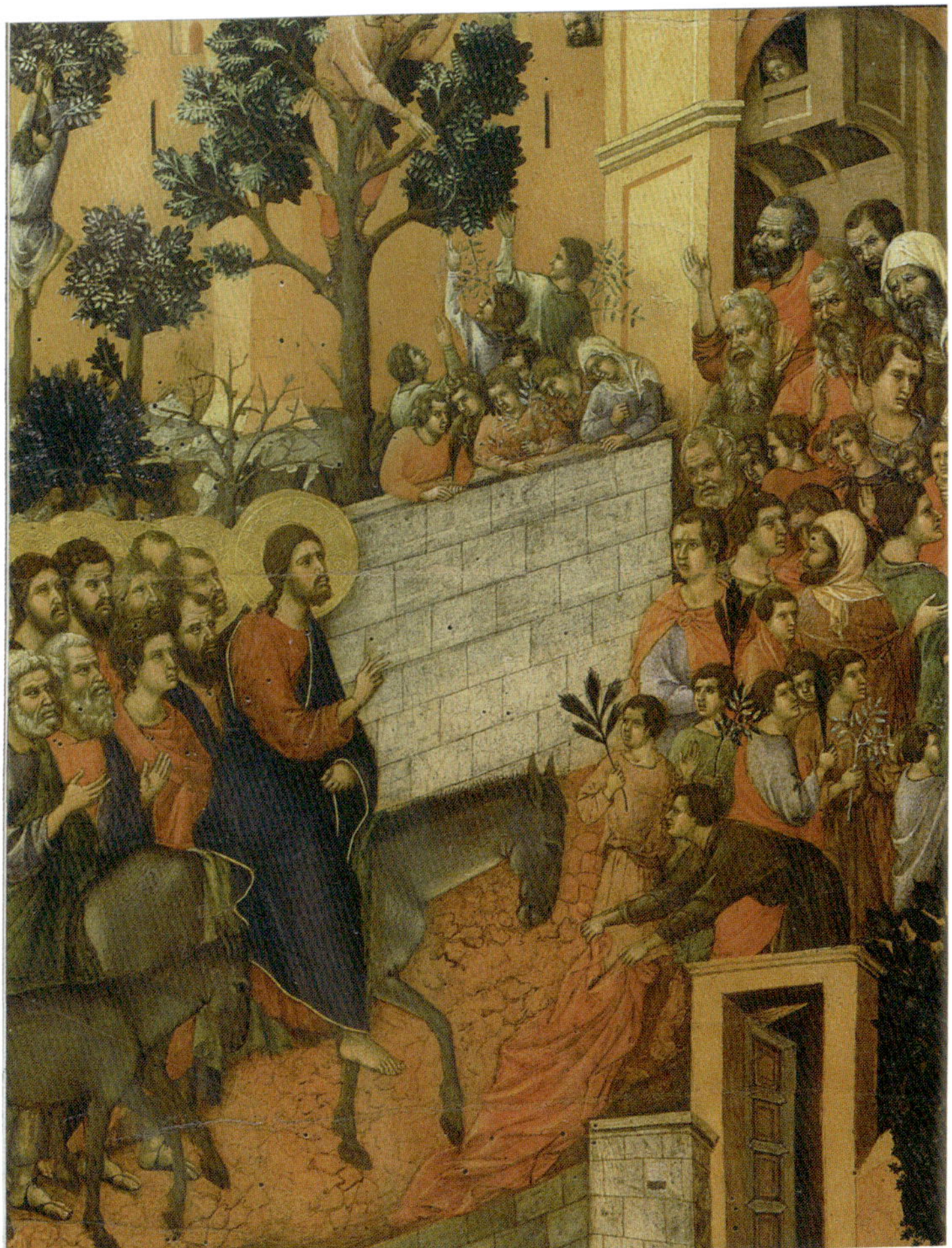

ドゥッチョ・ディ・ブオニンセーニャ「キリストのイスラエル入城」。1308〜11年。シエナの「マエスタ（荘厳の聖母）」の部分。

◉人と神をつなぐもの

オリーブの果実はとても尊《とうと》いものだったため、オリーブ油はこうした絶対的な宗教的・神学的重要性を長いあいだ象徴してきたが、それだけでなく、宗教と迷信、あるいは医薬用途と化粧用途とを自由に結びつけた別の神秘的な意味合いももっている。それはあたかも、オリーブが現世と来世、あるいは人と神とのいわば仲介者でもあるかのようだ。

キリストが出現する前、中東において塗油は威信のしるしであり、また病気を予防・治療するための健康対策だった。バビロニアで医者は「asu」と呼ばれていたが、これは「油の専門家」を意味した。水を満たした水盤にオリーブ油を数滴たらし、それを使ってバビロニアの聖職者は未来を占っていた。

同様の風習は、20世紀に入っても行なわれていた。南イタリアではごく最近まで、女性はオリーブ油と水を混ぜて邪視《じゃし》［不幸をもたらす魔力があると考えられている、人のまなざし］から身を守っていた。こうしたことから、イタリアでは「真実はつねに表面に浮かびあがる」という言い方をする。オリーブ油は中部イタリアで最近まで別の風習にも使われており、女性が母乳の出が悪いときに、教会のランプの聖なる油を胸に塗ったり、油の入った広口瓶に乳首をひたしたりしていた。(2)

シュロの茎とオリーブの枝でつくった十字架

中世でもやはり、聖油は病人や悪魔に取りつかれた女性を治すのに利用された。もっとも人気の高い祈禱は、リュキア（現在のトルコ）にあったミュラの聖ニコラウスの墓と関係があった。

ジェノヴァの大司教ヤコブス・デ・ヴォラギネの『黄金伝説 *Legenda aurea*』（13世紀の聖人伝）によれば、トルコがミュラを占領した際、聖ニコラウスの墓を開けると、聖人の遺骨が「油のなかに浮かんでいた」という。実際、石棺のふたにはじょうご形状の穴がいくつか空いており、そこからさまざまな液体や香油が墓のなかに注ぎこまれていた。この濃厚な芳香性の油性液体は、墓の底の別の穴から小さな薬瓶に詰められ、奇跡的な治癒力をもつ聖なる油として信者に与えられた。

●香油・香膏

オリーブ油は、古代ギリシアの料理において大きな役割をはたしていなかったようだが、オリーブの木はかなりの象徴的重要性をもっており、オリーブ油は化粧品として尊ばれていた。

香油は少なくとも紀元前3000年にはつくられており、ミュケナイ文明［紀元前

アラバスター（石花石膏）製の軟膏壺。エジプト、紀元前1580～紀元前1085年。

1600～紀元前1100年頃にミュケナイを中心として栄えたギリシア本土の青銅器文明」期のさまざまな種類の香油のリストが、ペロポネソス半島のピュロスで発見されている。

当のミュケナイでは、考古学者がフェンネル（ウイキョウ）、ゴマ、カラシナ、ミント、セージ、バラ、ジュニパーなどの香料のリストを発掘しており、これらを油と混ぜあわせて種々の香油や香膏をつくっていたと考えられる。また、高価な香油の入った壺は紀元前8世紀に中東からギリシアにもたらされている。

ホメロスの作品に出てくる英雄たちは、香油から力や強さ、若々しさを引きだしていた。王女ナウシカアは水浴後に肌に塗るオリーブ油を黄金の油壺に入れ、いっぽうアキレウスは親友パトロクロスの遺体にオリーブ油を塗り、蜂蜜とオリーブ油の入った甕《かめ》を火葬場の積みあげた薪の上においた（『イリアス』第18歌、第23歌）。ソクラテス以前の哲学者アブデラのデモクリトスは、並はずれた長寿の秘訣をたずねられるとこう答えていた。「内にあっては蜂蜜、外にあってはオリーブ油」

オリーブ油を基剤とする高価な香油や香膏は、エジプトのファラオやエトルリアの貴族が愛用したほか、ギリシア・ローマの運動競技者が競技の前に体に塗っていた。古典ギリシア時代［紀元前6～紀元前4世紀頃］のようすについて、イギリスの学者ジョン・ボードマンは次のように書いている。

青銅製のストリジル。マグナ・グラエキアより出土。紀元前５～紀元前４世紀。香油を体に塗り、そのあとストリジルで汚れや汗といっしょにこすりとっていた。

精力的な活動にたずさわっていた運動競技者のような人々は、女性も例外なくオリーブ油を体に塗り、そのあと汚れや汗といっしょにストリジルと呼ばれる肌かき器でこすりとっていた……ストリジルは良質の青銅でつくられており、自分専用の道具だったので、男性の墓にはきまって副葬品として納められた(3)。

油で皮膚をこすることは美容上の目的にかなうだけでなく、ギリシアのように非常に乾燥した国々では皮膚にしわが寄ったりひび割れがしやすかったりしたため、必要不可欠なことでもあった。

いっぽうローマ人は、化粧用途だけにとどまらず、台所でもオリーブ油を多用していた。プリニウスはこう記している。「人間のからだに特別心地よい液体が二種類ある。内にあってはブドウ酒であり、外にあっては油だ」(『プリニウスの博物誌』〔前掲中野定雄ほか訳])。

レキュトス、アラバストロン、アリュバロスなどと呼ばれる、おびただしい数のガラス、銀、金、青銅、象牙、陶、木製の瓶やアンフォラが、貴重な液体を入れるためにつくられた。そのほとんどは、小さな把手のついた小型の細長い壺で、優雅な女性は腕輪のように手首にそれをとりつけて、自分専用の石鹸といっしょに浴場にもっていった(どちらも良質の銀でできた小箱に保管された)。

共和政時代には、ローマ人はこうした生活を優雅にするものを東洋的なぜいたく品だとして非難する傾向があったが、帝政時代になると、化粧品の使用は爆発的に増加した。ローマの農業専門家ルキウス・ユニウス・モデラトゥス・コルメラは、香膏や香水をつくるのに使う最高の油は、もっとも評価の高いオリーブ品種の果肉からとれ、なかでもリキニアオリーブがいちばんよく、それに次いでセルギア、コミニアと続くと書いている。

オリーブは完熟する前に手で摘みとり、種まで砕かないようにゆるめの石臼で粉砕しなければならなかった。「グレウキヌム油」も同様につくられ、これは醱酵前のブドウの搾り汁と種々の香料を混ぜあわせた香油で、軟膏として日常的に使ったり、神経の緊張に苦しむ人に処方したりした(4)。

◉ランプ

オリーブ油は、誕生から死までキリスト教徒の一生において重要な役割をはたしただけでなく、生活と宗教儀式の空間を清めるのにも利用された。オリーブ油は灯火用油にもちいられ人に光をもたらしたことから、人々のなかに神が存在することの直接のしるしだとされた。オリーブから搾った油が灯明の油に使われたのは、ほかの油脂にくらべて煙がはるかに少なかったからだ。

油ランプの最古の詳細な記述は、イスラエルの第2神殿にたえず灯されていた純金の7枝の燭台についてのものである（「出エジプト記」第25章31〜40節に記述されている）。この燭台、すなわちメノラーは、紀元70年のエルサレム攻囲戦中、ローマ軍によって盗みだされ、ローマにもち去られたといわれており、ローマのフォロ・ロマーノにあるティトゥスの凱旋門の浮彫（レリーフ）にその場面が描かれている。

奉納された油ランプはエジプトにもあったが、現存するランプのうち、どれが太陽神ラーに捧げられたものかはわかっていない。このランプで、ラムセス2世が植樹した数千本のオリーブの木から採れた油が燃やされていた。

発掘されたランプのなかに、良質の石花石膏でできたハスをかたどった3枝（メノラーの祖先かもしれない）の油ランプがあり、これはイギリスの考古学者ハワード・カーターが1922年にツタンカーメンの墓を開いたときに発見されたもので、現在はカイロ博物館に収蔵されている。

イスラムの伝統もやはり、光源としてのオリーブ油の役割を強調しており、イスラム文化の根底をなしていると考えていた。そこから、さすると魔人が現れて願い事をかなえ、みじめな境遇のアラジンが一転して王子になるという、あの有名な魔法のランプの寓話が生まれ、いまに語り継がれている。

イスラムの預言者ムハンマド自身も、オリーブ油は料理だけでなく、体の手入れや、60を超える病気の治療にももちいるよう勧めている。オリーブ油を使うと、40日間悪魔を寄せつけないとされていたのである。

イスラムの聖典ハディースの研究者によると、大洪水のあと、水が引いた地面に最初に育った木がオリーブだったことから、ムハンマドはオリーブを聖なる木（聖樹）と呼んだのだという。

オリーブを搾る夢や、オリーブ油の夢は、幸運と富をもたらすとされた。(5) コーランのもっとも有名な詩のひとつでは、オリーブ油を知恵と光の象徴として謳《うた》っている。

アッラーは天と地の光り。この光りをものの譬《たと》えで説こうなら、まず御堂《みどう》の壁龕《へきがん》に置いた燈明か。燈明は玻璃《はり》に包まれ、玻璃はきらめく星とまごうばかり。その火を点《とば》すはいとも目出度い橄欖樹《かんらんじゅ》で、これは東国の産でもなく、西国の産でもなく、その油は火に触れずとも自らにして燃え出さんばかり。（火をつければ）光りの上に光りを加えて照りまさる。アッラーは御心のままに人々をその光りのところまで導き給う。

——『コーラン』［井筒俊彦訳、岩波書店］第24章35節

中世イランの神秘家ガザーリー（1058〜1111年）は、オリーブ油やザクロ、リンゴ、マルメロについて書いているが、オリーブ油は光をもたらすことから、推論能力（論理的思考力）を意味すると述べている。

推論能力——というより、その欠如——はまた、「マタイによる福音書」にある「十人のおとめ」のたとえのなかにも登場する。10人のおとめが婚宴に出席することになっていたのだが、花婿を待っているうちに、みな眠りこんでしまった。だがそのあいだも、おとめが手にした灯火の油は燃えつづけていた。いよいよ花婿が到着しようというとき、愚かな5人のおとめは油を切らしており、店に買いに行かなければならなくなった。愚かなおとめたちが買いに行っているあいだに花婿が到着し、この不測の事態にそなえて予備の油を壺に入れ

てもっていた賢いおとめたちは、花婿といっしょに婚宴の席に入ることができた。しかし愚かなおとめたちは閉めだされ、婚宴に出席できなかった。

◉聖母マリアとオリーブ

16世紀には、オリーブはキリスト教の教義とカトリックの宗教的図像に深く根づいており、聖母マリアは囲われた庭「ホルトゥス・コンクルスス」（それ自体がマリアの処女性と無原罪性を象徴）に、慈悲や強さ、純潔などを象徴するほかの植物とともに植えられた、オリーブの木（oliva speciosa オリヴァ・スペシオサ）に結びつけられた。

美術史家のクリスティーナ・アチディーニ・ルキナートが述べているように、オリーブはきわめて政治的な理由によって、ルネサンス期の「受胎告知」の絵画に描かれるようになった(6)。15世紀から16世紀にかけて制作されたシエナ派の「受胎告知」には、シエナの最大のライバルだったフィレンツェのシンボル、純潔を表すユリではなく、シエナの象徴であるオリーブの枝をもった大天使ガブリエルが描かれている。つまり、平和が純潔にとって代わったのだ。

中世の教父［古代から中世初期のキリスト教著述家のうち、教会によって正統信仰の伝承者と

ジャンパオロ・トマセッティ「オリーブのマドンナ *Madonna dell'olivo*」。ニコラ・バルバリーノ（1832〜1891年）による複製画。油彩、カンヴァス。

して認められた人々」の伝統では、聖母マリアは多くの場合、ノートル・ダム・デ・オリヴィエ（「われらがオリーブの婦人」）として崇められた。

オリヴァ・スペシオサ（「正しいオリーブの木」の意。ほかにoliva fecunda「よく実のなるオリーブ」、oliva pinguissima「実りの多い、豊かなオリーブ」、oliva mitis「柔和でおだやかなオリーブ」とも呼ばれる）は、フランス、イタリア、スペインではこの呼び名の聖所で広く知られ、神への心からの忠実な献身を表すとともに、聖母マリアの強さや仲裁力、慈悲深さも象徴している。

１４９３年、カンタル（フランス）のミュラ教会が落雷火災によって焼失したが、その際、ノートル・ダム・デ・オリヴィエの木像が難を逃れている。それ以来、ノートル・ダム・デ・オリヴィエのメダイユ［フランス語で「メダル」の意。聖母マリアやキリスト、聖人などの像が彫られている］を身につけると落雷除けと安産のお守りになるとされている。「われらがオリーブの婦人」という呼び名は、この像が彫られた木材を意味しているのかもしれないし、イエスのオリーブ山での受難を指しているのかもしれない。また別の解釈によれば、木像の顔や体のくすんだ色合いがその受難を暗示しているとも考えられる。聖母像の衣装の色がほかでは白色と青色なのに対し、ミュラ教会の像は緑色で、この聖母の外套はオリーブの色を表している。聖母マリアの祝日は９月の最初の日曜日に祝われる。

◉祝祭と儀式

クリスマスとオリーブの収穫期には、プロヴァンス地方と南シチリアでは豊作を祈願し、神への供え物として儀式的な料理がふるまわれた。

食物史家のマグロンヌ・トゥーサン＝サマが書いているところによると、数十年前までプロヴァンス地方では、聖アンデレの日のオリーブ収穫の際、オリーブの木を長い棒でたたきながら伝統的な歌を歌い、その日の終わりには日雇い労働者も農園主も近所の人もみな木の下のテーブルに着き、巨大なアイヨリを食べてオリーブのお祝いをしていたという。ごちそうを食べ終わると、人々は搾油機のまわりでファランドール［手をつないで踊るプロヴァンス地方の舞踏］の「オリヴェート」を踊ったり、歌を歌ったりした[7]。同様に、味つけした熱いオリーブ油にパンと野菜をひたして食べるバーニャカウダと呼ばれる料理も、プロヴァンス、リグリア、ピエモンテのあいだの地域では一種のごちそうとされている。

イタリア中部のウンブリア地方では以前、オリーブの収穫が終わると、労働者が月桂樹、オリーブ、モミの枝を使ってラ・フラスカと呼ばれる大枝のようなものをつくっていた。それを棒のてっぺんにとりつけ、さまざまな贈り物をつりさげる。そしてこの「豊饒の木」は労働者の親方の家に運ばれ、親方はお返しにみなに食事をふるまった。

オリーブの収穫。南イタリア。

断食期間やオリーブ収穫期の豊作祈願にオリーブ油を儀式的にもちいることは、今日ではまれだ。エジプトのコプト教徒はいまも、四旬節《しじゅんせつ》（レント）［キリスト教で40日間にわたり動物性食品が禁止される断食期間］にはあらゆる種類の動物性食品（肉、卵、乳、バター、チーズなど）を控えており、オリーブ油を主要な四旬節料理のひとつに使っている。その料理は、野菜とデュカ［エジプト料理に使われる調味料］、すりつぶした香辛料を混ぜてつくったもので、パンに添えて食べる。(8)

このように、オリーブとオリーブ油の象徴的意味は数多くあり、広く行きわたっている。ローマ人が到達し、のちに教会が支配した場所にはオリーブの木が植えられ、必要不可欠なものになった。祭壇や教会の灯明から料理に使われるようになるまではあっという間で、オリーブ油は宗教儀礼的な用途だけでなく家庭でも利用され、どの家庭においても間違いなくいちばん高価な品物のひとつだった。

よく知られているシチリアのことわざはこういっている。「テーブルに油をこぼすと神の恵みを失い、ワインをこぼすと神の恵みを受ける」。このふたつの液体は人生の正反対の側面を表していて、オリーブ油は中庸《ちゅうよう》とバランスを、それに対してワインは過剰と節度のなさを象徴している。ギリシア神話によれば、アポロンはデロス島のオリーブの木の下で生まれたことになっている。このことから、オリーブ油はアポロン的な（節度のある）物質であるとされている。いっぽうのワインの神と言えば、もちろんあのディオニュソスである。

この観点から見ると、ブドウの木とオリーブはふたつの異なる生活スタイルを象徴している。「真夜中の油」を燃やすのは勤勉と努力のしるし、ワインを飲んで夜を過ごすのは社交性と節度のなさを示している。

オリーブ油はあまりに貴重で、無駄にしたり捨てたりなどできなかった。灯火用油、医薬品、化粧品、料理素材などその用途の広さは、産業革命がほかの種類の油をもたらし、少なくともガスが家を明るく照らすようになるまで、オリーブ油が社会生活と個人生活の両方において重要な役割をはたしていたことを意味していた。

しかしオリーブをとりまく強力な象徴的・神話的「後光」は現在にいたるまで輝きつづけ、いま「地中海式ダイエット」の中心的な概念として人々を引きつけている。オリーブ油をよりどころとする地中海式ダイエットは、オリーブが古代と中世の時代に誇っていた効力と魅力をあますところなく現代に伝えている。

第3章◉収穫、搾油、保存

実がもっと熟してくると、その果汁はもっと粘り気を生じ、風味も落ちる。オリーヴを採取するいちばんよい時期は、量と風味との兼ね合いだが、実が黒くなりかかったとき……である。

――大プリニウス『プリニウスの博物誌』［前掲中野定雄ほか訳］

オリーブ油とゴマ油は西洋世界で最古の油であり、これまでみてきたように、オリーブ油ははじめ食料でも燃料でもなく、軟膏として利用された。料理にはほかの油脂が利用され、動物性脂肪が油の代わりに使われることが多かった。

たとえばローマの著述家マルクス・ポルキウス・カトーは、ラードを使って甘いワインケーキや、ドーナツに似たグロービやエンキュトゥスをつくってみるよう勧めている。[1] グロービもエンキュトゥスも、ラードで揚げてから蜂蜜をからめた。

赤花こう岩でできたオリーブ圧搾機。エジプト、ルクソル。紀元前７世紀中頃。

今日のシチリア島でも、厳格な伝統主義者のなかには、カンノーリ［パスタ生地を円筒形に巻いて揚げ、リコッタチーズのクリームを詰めた菓子］のような伝統菓子はオリーブ油やほかの油ではなく、ラードで揚げるべきだと主張する人もおり、ほかのいくつかの菓子はバターやオリーブ油の代わりにラードでつくられている。

オリーブが育たなかったほかの場所では、別の油糧《ゆりょう》種子［油を採る種子］が栽培された。エジプトではオリーブが伝わる前、油はダイコン種子から搾りとっていた。プリニウスが書いているところによれば、当時でさえ、油の収穫高が多くもうかるという理由から、人々はトウモロコシよりもダイコンを好んで栽培していたという。

ほかの油脂植物には、エジプトで古代から知られているワサビノキ［種子からベン油が採れる］や、ほとんどが薬用として利用されるヒマ［種子からヒマシ油が採れる］などがある。メソポタミアで一般に使われていた油は、ゴマ種子やアーモンドから搾った油だった。[2]

◉原始的なオリーブ油のつくりかた

最初は、オレアスター（野生種のオリーブ）の小さな黒い実から搾りとったわずかなオリーブ油だけで、宗教儀式に使う香水や香油、軟膏をつくるのには十分だった。こうした貴重なバルサム（芳香性塗布剤）は、手や足でオリーブを搾り（ちょうどブドウを足で踏みつぶしてワインをつくるように）、油のしずくを慎重に小型の陶器の壺に集めるというきわめて原始的な方法によって手に入れていた。

手でつぶすのは、臼と杵《きね》を使う前段階だった。まずは粉砕して、そのあと圧搾する。アントニオ・カルプソが書いているように、20世紀になっても、モロッコと南イタリアの農民は、依然として石臼と大きな木製の杵でオリーブをつぶしていた。

つぶしてどろどろのペースト状になったオリーブを布袋に詰めて両端をつかみ、袋をねじる。[3]すると油が「汗」のようににじみ出て、壺のなかに滴り落ちる。搾りかすから残りの油をすべてとり出すため、袋に湯を注いでさらに2、3回搾る。こうすると油が壺の表面に浮きあがるので、水を抜いて油をすくいとることができた。

古代の円柱の砕片でオリーブをつぶしている。パレスチナ、ベイト・ジブリン。20世紀初頭。

つぶしたオリーブをかご容器に入れ、搾る。

イスラエル北西部、ハイファから出土したオリーブ圧搾機。オリーブペーストをたっぷり広げた円形のマットの上から、重石をつりさげた梁で圧力をかけ、搾油した。土台の石にきざまれた溝を伝って、油が専用の容器に入るようになっていた。

粉砕と圧搾の工程が行なわれていたことを示す、知られているかぎり最古の証拠はパレスチナで発掘されており、ハイファのオリーブ博物館で見ることができる。これは紀元前5000年頃のひとそろいの臼と杵で、おそらく熟したオリーブをつぶすのに使われた初期の道具だろう。オリーブは最初に臼ですりつぶしてペースト状にし、それをオリーブの枝で編んだ冠で囲んでまとめ、上から大きな平たい石を順に重ねていって油を搾りだしていた。

クレタ島では紀元前2500年頃からオリーブ油産業がきわめて重要なものになっていたことがわかっており、てこ柱式圧搾機のようなより高度な技術が見つかっている。これは、オリーブペーストを広げた植物性繊維でできた小さな円形のマット［フィルターの役割をはたす］の上から、重石をつりさげた長い梁《はり》で圧力をかけて圧搾するしくみになっていた。

圧搾したあと、ペーストの搾りかすに残っている油をさらに搾りだすため、湯を加えてもう一度圧搾する。抽出した液体を

エクロン（現テルミクネ）から発掘されたオリーブ圧搾機。オリーブは中央のくぼみのなかで丸いすり石を使って粉砕した。両脇のくぼみには植物性繊維でできた小さなマットを積み重ね、その上から重石をつりさげた梁で圧力をかけ、オリーブペーストを圧搾した。

大桶に入れ、油が表面に浮きあがったら、底の排出口から水を抜いて油をすくいとった。

原始的なてこ柱式圧搾機――当時としてはまさに画期的な技術だったにちがいない――がハイファで発掘されている。まず巨大な石輪でオリーブを粉砕し、できあがったオリーブペーストを植物性繊維でできた袋に詰めて順に重ねていく。一方の端を壁に固定した梁に重石をつりさげ、それを使って袋の上から圧力を加え、油を搾りだした。

この工程をさらに改良したものが数十年前、テルアビブからさほど遠くないエクロン（現テルミクネ）で発掘されたオリーブ加工場跡で見つかった。この加工場は大規模なもので、１００台近い圧搾機が出土している。

圧搾機はくぼみをうがった3つの石からなり、中央の石のくぼみでオリーブを粉砕した。両側のふたつの石には真ん中にさらに深いくぼみが空いていて、そこにオリーブペーストを広げた大きく平らなマットを積みあげ、搾油した。のちに粉砕の工程は、大桶のなかで石輪を回転させる大型の挽き臼で行なわれるようになり、これを使ってオリーブをペースト状にした。

◉ローマ人の功績

オリーブ油を料理にもちいることを広め、オリーブを大量に食べたのはおそらくローマ人だろう。ためしにオリーブ油でポレンタ［トウモロコシ粉のかゆ］や豆のスープ、パンなどに味つけしてみたところ、手放せなくなったのにちがいない。

オリーブの実の保存処理から油の製造にいたるまで、オリーブ栽培のあらゆる側面は、第1章でみてきたように、征服した先々でオリーブの木を植樹していったローマ人によって大幅に改良された。共和制ローマの時代にはカトーのような著述家が、今日ローマ時代のすばらしい農業専門知識百科とみなされている『農業論』のなかでオリーブ栽培を勧めており、その理由としてブドウ園より維持費がかからず、管理にあたる人手も少なくすむ点をあげている。

この原則はローマの農業論文でたびたび述べられているが、共和政時代から帝政時代、そしてついに崩壊にいたるときまで、ローマの豪農の心に深く根づいていた。これこそまさに、

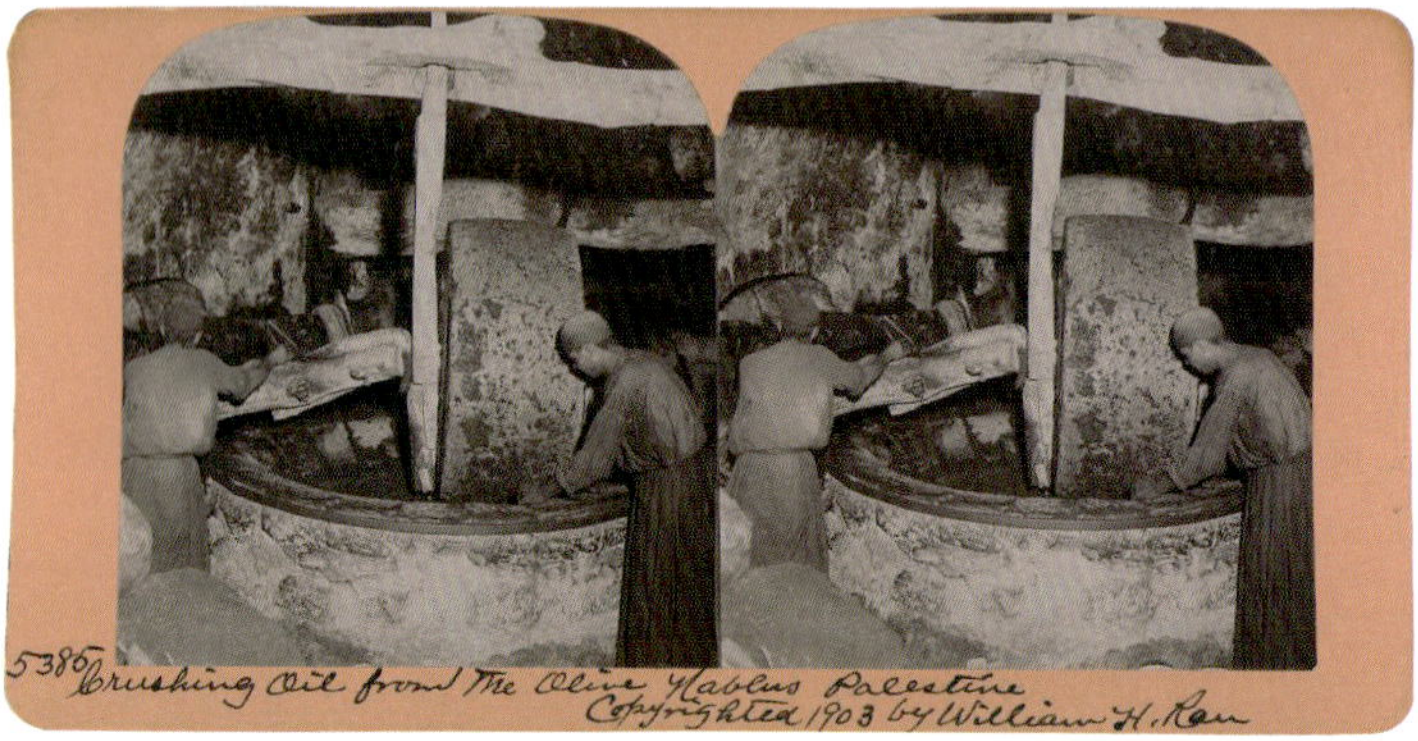

オリーブの粉砕。パレスチナ、1903年。

ローマ人がオリーブ油製造においていちじるしい技術的進歩を遂げ、近代まで利用される技術を発明した理由なのだ。モラ・オレアリア（mola olearia）と呼ばれる縦型回転挽き臼はもっとも基本的なもので、円筒形の石輪が、床に固定した円形の石臼のなかで軸を中心に縦に回転してオリーブを粉砕する。

マグロンヌ・トゥーサン＝サマは、挽き臼の所有者の財力によって、奴隷またはラバやロバ、ときには所有者の妻が動かすことさえあったと書いている！[4]

次なる一歩は、トラペトゥム（trapetum）の発明だった。これは石製の大型の粉砕機で、ふたつの半球型のすり石が、その中央をつらぬく回転軸を中心に回転するしくみになっていた。オリーブは粉砕されたらただちに、ねじ式圧搾機か、重石をつりさげた梁をもちいる単純な圧搾機のいずれかで搾油された。

トラペトゥムはオリーブを臼の底ではなく、側面に押しつけてつぶす。トラペトゥムは高価なうえ、すり石と臼とのあいだの正確な距離を計算する必要があったので、製作するのもむずかしかった。このため大規模な農園でのみ利用され、小さな村々では、先端を切りとった円錐形のすり石を石臼のなかで転がすタイプの挽き臼を使いつづけており、この方法のほうが簡単で安くすんだ。

◉収穫の鉄則と等級

オリーブはいつ摘みとるべきか、またどのように油を抽出するべきかについて、ローマ時代のあらゆる農業専門家が与えている指示はとても詳細なので、今日でも容易に従うことができる。異論の余地がないのは、収穫は細心の注意をはらって行なわなければならないこと、またオリーブは棒で枝からたたき落とすのではなく、理想的には、地面に落ちる前に手で摘みとらなければならないことだ。

収穫にもっとも適した時期は11月上旬で、この頃には茶色くなりはじめるオリーブがわずかに見られるものの、ほとんどはまだきれいな緑色をしている。ローマ人はこのような、色づきはじめてはいるがまだ熟していないオリーブから抽出した油を、その美しい緑がかった黄金色からオレウム・ウィリデ（Oleum viride「緑の油」）と呼んだ。1回目の圧搾［一番搾

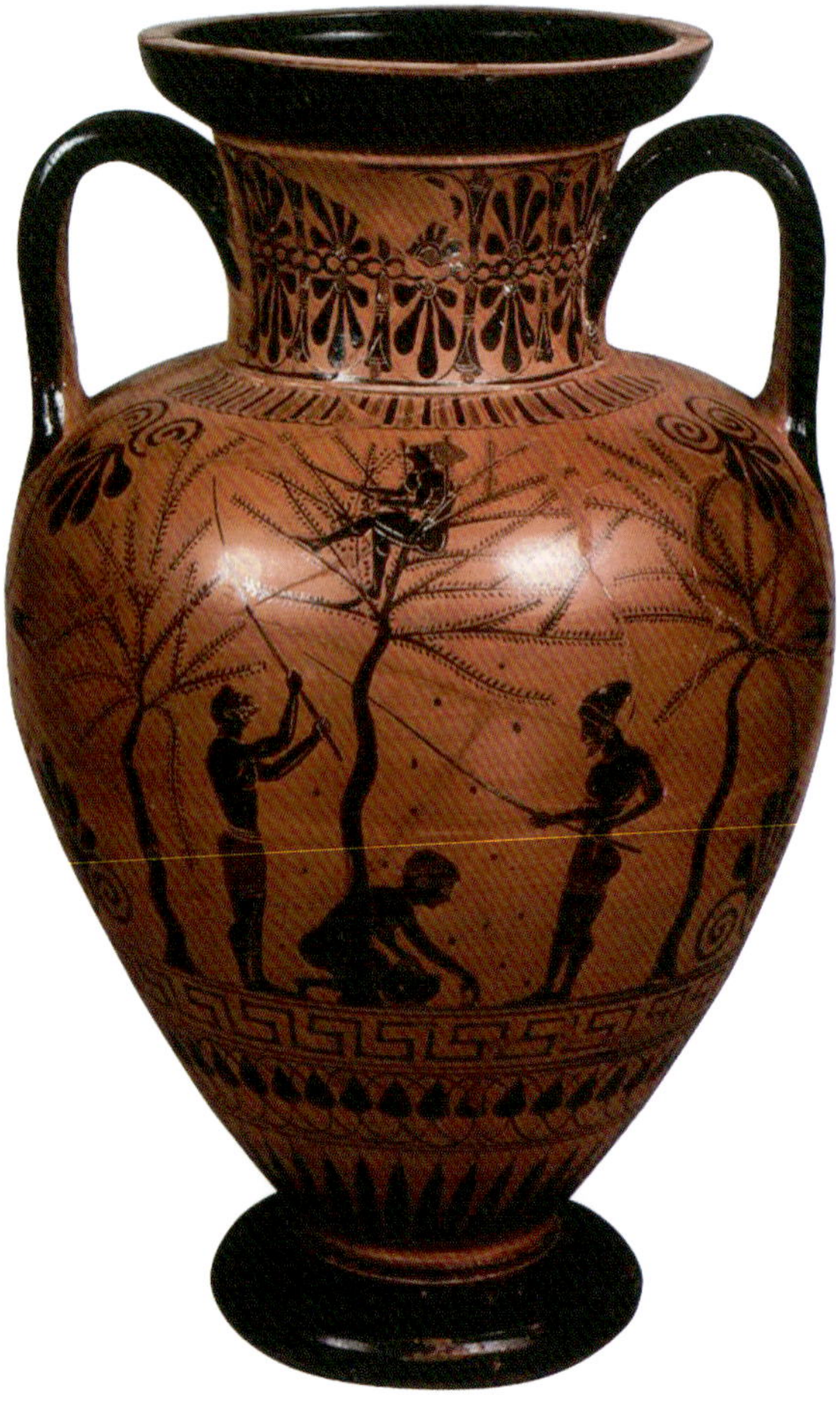

オリーブ採取のようすが描かれたアンフォラ。若者がオリーブの木をゆすって実を落としている。木の両側に立つ、紫の布を腰に巻き、あごひげを生やしたふたりの人物が長い棒で木をたたいている。右側の人物はピロス［つばのないフェルト製の帽子］をかぶっている。木の根元では、全裸の若者が右を向いてひざまずき、落ちたオリーブをかごに拾い集めている。紀元前520年。

り］から最高級の油がとれ、2回目の圧搾［二番搾り］からは二級品、3回目の圧搾からは並の油が採れた。

古代の著述家もやはり、オリーブ油は非常に傷みやすいと明言しており、料理に必要な油がすぐにつくれるように、オリーブを家に貯蔵しておくよう勧めている。カトーは、注意事項についてこう書いている。

オリーブを採取したらすぐに、傷まないうちに油を搾らなければならない……毎年、オリーブの実を地面に落としてしまう雨のことを考えてみよ。早々と採取して貯蔵しておけば、損害を受けることはまったくなく、緑色の最高の油が採れる。地面や板張り床においておくと、オリーブは傷みはじめ、油が悪臭を放つようになる……(5)。

大プリニウスは、現代でも十分に通用するオリーブ油の等級を定めた。また、同じオリーブから異なる種類の油ができるとも述べている。まだ緑色の熟していないオリーブからは、前述のオレウム・ウィリデとよく似たオレウム・エクス・アルビス・ウリウィス（Oleum ex albis ulivis）と呼ばれる最高級の油が採れる。

オリーブは熟すれば熟するほど、油は濃くなり、風味は落ちていく。しかし当時でさえ、粉砕機のなかで熟したのか、それとも木になったまま熟したのか、あるいはその木が灌漑されていたか否かによっても、油の品質に大きな違いがあった。

ほかは安価な種類の油で、たとえば熟した黒いオリーブから採れるオレウム・マトゥルム（Oleum maturum）は、前述のものにくらべると明らかに品質が劣っていた。またオレウム・カドゥクム（Oleum caducum）は地面に落ちた非常に熟したオリーブから搾られ、オレウム・キバリウム（Oleum cibarium）にいたっては最悪で、傷んだオリーブからつくられ、奴隷に食べさせるか、灯火用油などほかの用途に使われた(6)。

中世のイタリアでは、地方自治体がオリーブ収穫の日取りを決めていたが、たいてい11月11日の聖マルティヌスの日にはじまり、クリスマス前にはいつも終わっていた。そのあと男たちが最後に、地面に落ちているオリーブや木に残っているものを集めた。南イタリアのラティウムやリグリア地方では、オリーブは棒でたたき落とされ、地面に広げた大きな木綿の布の上に集められた。

トスカーナ地方にはいまでも、マルクス・テレンティウス・ウァロが勧めた方法でオリーブを採取している農家がある。奴隷が昔やっていたように棒を使うのではなく、いちばん高い枝にいたるまで手で摘みとるという方法だ。というのも、棒を使うと果実に傷がつくうえ、よい枝も折れたりして、冬に木が霜害を受けやすくなるからだ。手摘みのオリーブは腕にぶ

オリーブは地面に敷いた網の上に集められる。

オリーブの収穫。シチリア島。

らさげた小さなかごに入れた(7)。

プリニウスがいっているように、果実が損傷していない場合にかぎり、収穫から粉砕までのあいだ、オリーブを木の棚の上で寝かせることがあった。だが虫食いのほか、わずかに傷がついているだけでも、オリーブはすぐに傷み、品質の悪い油になってしまう。現在では、オリーブは収穫後48時間以内に採油される。

◉「実」を食べる

オリーブ油の製法はとても古くから知られていたが、この苦味のある「実」を食べるという考えと、それを保存処理する方法は、かなり時代が下ってから、それもたいへんな苦労の末に生まれたらしい。

聖書には、オリーブの実よりもずっと多くオリーブ油とその神聖な用途について言及されている。オリーブはまた、古代ローマ・ギリシアや中世の料理書にもめったに登場しない。だがこれは、必ずしも人々がオリーブを食べていなかったということではない。オリーブは貴族の食卓（近代まで料理書は貴族向けのものしかなかった）にはあまりに質素で、あまりに凝ったところのない（そしてあまりにみすぼらしい）食べ物だったため、おそらく料理書に書かれることがなかったのだろう。

乾燥させ、塩水や塩に漬けたオリーブは、農民や労働者の日常的な食べ物だったと思われる。脂肪含有量（とカロリー）が高いことに加え、どこでも簡単に手に入ったことを考えると、地中海全域で食べられていたのは間違いないだろう。

ほかのどの果実よりも栄養価が高く、持ち運びも、食べ方も保存も簡単だったオリーブは、保存法が広く知られるようになるとともに、スペイン、イタリア、ギリシアの素朴な食事の中心的存在となった。そしてそれは現在にいたるまで変わらない。ボウルいっぱいの緑オリーブや黒オリーブ、一斤のパン、チーズ、良質のワイン――これ以上においしい食事があるだろうか？

エジプト人はオリーブもオリーブ油も日常の食事にはあまり利用していなかったにもかかわらず、塩漬けオリーブがファラオの墓に来世のための食べ物として納められていた。フェニキア人は、自然に木から落ちて地面に転がっているオリーブが食べられることを知っていたのかもしれない。オリーブはそんなふうに熟すと、苦味がほとんどなくなるのだ。ホメロスはあちこちで、酢漬けにしたもの、塩水に漬けたもの、濃く味つけしたものなど、オリーブの実について言及している。

エトルリア人が手広くオリーブ油の取引を行なっていたことはわかっているが、おそらくほとんどが化粧用途だったと思われる。しかしローマに近いチェルヴェーテリにあるエトルリア人の墓で、死者への供え物として納められたオリーブの化石を考古学者が発掘しており、さらに塩水漬けオリーブが、ジリオ島近くの難破船に積みこまれたエトルリアのアンフォラのなかで発見され、紀元前6世紀頃のものと判明している。

喜劇詩人で、古典ギリシア時代の食の専門家でもあるアルケストラトスは、自身のレシピ集のなかでたった一度だけ完熟黒オリーブについて触れている。とはいえアルケストラトスは料理にオリーブ油を常用しており、シチリア島のギリシア植民市で人気だったあまりにぜいたくすぎる凝った料理より、塩とオリーブ油で味つけしたごくシンプルな料理のほうを勧めている(8)。

栽培されるオリーブはほとんどが搾油用だが、一部の品種はアルカリ溶液や塩水、乾いた塩に漬ける保存加工用として利用されていた。

カトーは、オリーブとパンは農民と労働者の食事に欠かせないものだと述べている(9)。カトーの使用人はパンとワイン、それに塩、オリーブを支給されていた。そしてずいぶんしみったれたことに、使用人には、腐っている場合が多いにもかかわらず、風で落ちたオリーブや、油はたっぷり採れるが風味は落ちる熟した実を与えるよう助言している。

オリーブは少なめに支給し、使いはたしたら、魚の塩漬けや酢を代わりに与えることになっ

オリーブ入りフォカッチャ。オリーブ油とオリーブの実を使ったイタリアの伝統的なパン。
レシピは158ページ参照。

ていた。オリーブ油は毎月、ひとり当たり1パイント（約0・47リットル）が支給された。しかしオリーブは何ひとつ無駄にされなかったので、最後に残るサムサ（sampsa）と呼ばれる搾りかすからつくるオイルケーキの一種は、もっとも貧しい人々に与えられるか、塩とクミン、アニス、フェンネル、オリーブ油で味つけして市場で軽食として売られた。そのいっぽうで最高級の塩漬けオリーブは富裕層の食卓にしかのぼらなかった。

1970年代までずっと、シチリア島の大規模農園で働く労働者には毎月1リットルのオリーブ油を受けとる権利があった。労働者の毎日の昼食は、パン1キロ、ワイン1リッ
ル、チーズ（ふつうはリコッタ）100グラム、それにオリーブひとつかみだった。夕
は、野生の葉野菜が入ったパスタ料理250グラムにありついた。大部分の農場労働
やパンをいつも食べられるわけではなかったので、この食事の割当量は望ましい
れていた。

ローマ人は
オリーブを、さまざまな方法で保存した。オリーブ油製造の
ためのガイドラインを
がローマ人だったように、オリーブの保存法にかんし

野生のフェンネルが入った塩水漬けオリーブ

ても、やはりローマ人が最初に規則をつくって記録に残し、いまでもそれは守られている。

緑色のオリーブは塩水に漬けるか、砕いて何度も水洗いしたあと、酢とフェンネルなどの香辛料を加えた塩水で味つけする。あるいは押しつぶして広口瓶に入れ、底と上部にフェンネルとマスティック［マスティック樹から採る芳香ゴム樹脂。ヒノキに似た香りがする］を重ねて入れたあと、塩水、醱酵前のブドウの搾り汁、酢、場合によっては蜂蜜を注ぐ。

熟しかけの実はオリーブ油漬けにし、いっぽう熟したものは当時もいまも塩をふって5日間寝かせ、そのあと天日に干す。

種をとった完熟黒オリーブを広口瓶に入れ、オリーブ油、コリアンダー、クミン、フェンネル、ヘンルーダ、ミントに漬けたものはオイルサラダと呼ばれ、チーズといっしょに食された。

カトーはシチリア人が考案したと考えられているエピテュルム（epityrum）と呼ばれる特別料理についてこう書いている。「種をとった緑色と黒色、それに腐り傷のあるオリーブをきざみ、油、酢、コリアンダー、クミン、フェンネル、ヘンルーダ、ミントと混ぜ、土器の皿に盛りつけ、油をかけて供する」

今日にいたるまでそれは変わらないが、オリーブはその昔、まともな食べ物とはみなされておらず、付け合わせかオードブルとして、パンやチーズ、タマネギなどといっしょに食べ

黒オリーブのロースト、オレンジピール風味。アンティパストとして。レシピは167ページ参照。

シチリア島のアンティパスト、オリーブ入りグリーンサラダ。レシピは167ページ参照。

られていた。

これは古代ギリシアでも、またローマの宴会にもいえることで、後者はたいてい現代のアンティパスト［イタリア語で「前菜」の意］に似たグスタチオ・オ・プロムルシス（gustatio o promulsis）ではじまり、熟した黒オリーブ、緑オリーブの塩水漬け、サラダ、軽くゆでた野生のアスパラガス、それにワインなどが供された[10]。現在もオリーブは、イタリアの食卓でほとんど同じようにアンティパストとして出される。

チュニジアは、ローマ帝国のアフリカ属州における主要なオリーブ油生産地のひとつだったが、チュニジアをふくむアフリカ北西部マグリブ諸国では今日、オリーブの実はタジン（tagine）のような料理に欠かせない食材になっている。タジンは専用の鍋でつくる料理で、「オリーブをたっぷり入れた蒸し煮料理」と説明される[11]。

しかし奇妙なことに、オリーブ油はチュニジアを除いて、モロッコ料理にも北アフリカ料理にも使われない。それに対しイタリア、ギリシア、スペイン、ポルトガルでは、あらゆる料理にもちいられる。

◉バター派 対 オリーブ油派

ローマ帝国が衰退し、北方からの侵入者がラードの嗜好をもちこむと、豚脂はヨーロッパの必需食料品になった。料理用オリーブ油の製法とオリーブの保存法は失われ、生産された油の大半は石鹸製造や工業的用途に使われた。ローマ人によって蓄積された知識体系は、遅くとも11世紀には忘れ去られてしまった。

１５７４年、博学なトスカーナ人のピエル・ヴェットーリが、いま一度、良質のオリーブ油を製造するためのガイドラインを定め、オリーブ油はプロヴァンス地方とトスカーナ地方で生産されるようになった。しかし上質の油はすでに高級品となり、小作農が日常で使用するにはあまりに高価だった。

意外なことにイタリアのほかの地域、とくにシチリア島では、良質のオリーブ油を製造する技術がまったく知られていなかった。油は、古代ローマ人のやり方とは反対に、地面に落ちたオリーブから搾っていた。そのうえオリーブを臭いヤギ皮の袋に保管していたのだから、結果は推して知るべしだろう。収穫してもすぐ搾らず、しばらく保存しておくと油が多く採れるようになると考えられていたので、当時の人々はオリーブに塩をふりかけ、家の隅に積みあげて醱酵させていた。

シチリア島では、オリーブが搾油できる状態になったかどうか、腐敗したオリーブの山に腕を突っこんで判断していた。引き抜いたときに腕が白くなって油がついていたら、いつでも搾油できる状態、しかし腕がオリーブの果肉のように赤くなっていたら、まだ未熟だということだった。ナポリ南部を訪れた外国人旅行者は、その強烈な腐ったような悪臭をかいだとたん、この油をサラダにかけるのをやめた。(12)

これを考えると、改革の熱意に燃えるマルティン・ルターが、断食期間に教会が摂取を義務づけるオリーブ油の害を説いたのも無理はない。流通していたオリーブ油の大部分は非常に粗悪なものだったので、道徳的な問題以上に、味にも問題があったのだ。

いずれにせよ、16世紀のヨーロッパはじきにふたつのグループ、「バター派」と「オリーブ油派」に分かれることになり、この状況はそれ以来、現在もあまり変わっていない。フランスの食物史家ジャン＝ルイ・フランドランによると、これは宗教的信念の問題だけではなく、好みの問題でもあったという。(13) 北ヨーロッパの人々はオリーブ油を嫌い（ここで、どんな品質のオリーブ油が北ヨーロッパ諸国に輸出されていたかを知るのも興味深いだろう）、無味無色で口当たりのよい、オリーブの香りがしない油を理想とした。こうして、オリーブ油の工業生産への道が開かれたのである。

当時、良質のバターにしても良質のオリーブ油にしても、どちらも非常に高価であり、高級品であるそれらを買えるのは上流階級だけだった。彼らがどちらを選ぶかは、ヨーロッパの北か南かという地理的な問題だけでなく、好みの問題でもあった。社会的地位の高さやその地方独特の食習慣によっても、型どおりの好みにはならなかった。このため、フランスやイギリスの貴族がオリーブ油を使い、そのいっぽうでほかの同国人はバターを食べていたということもあっただろう。

15世紀のフランス貴族、アルトア伯爵夫人マオートはオリーブ油を常用していた。同時代のイギリスの料理書にあるオリーブ油を使った料理は、ほとんどが貴族階級が賞味したものだ。逆もまたしかりで、15世紀のあるナポリの料理書では、バターがラードより多く、まさにオリーブ油と同じくらいひんぱんに使われており、地元産のチーズを詰めた郷土料理ラビオリ［小さな袋状のパスタに肉やチーズを詰めたもの］は、なんとバターで揚げていた。

このように、バター対オリーブ油のよく知られる対立は、ヨーロッパの北か南かという問題だけでなく、社会的階級の問題でもあるのだ。

似たようなことが、16世紀のオランダのみごとな静物画のなかでも起こっている。ぜいたくで豊かな画面にはエキゾチックな素材が豊富に配置され、オリーブをたっぷり盛った盆やボウルがしばしば描かれた。

当時、ヨーロッパのかなり北のほうでは、オリーブは――聖書のなかでちょうどそうだっ

ピーテル・クラース「グラスのある静物」。17世紀初頭。油彩、カンヴァス。

たように——まさに平和と繁栄の象徴だったが、それと同時に、高い階級、富、並はずれたぜいたく品の代名詞でもあった。カトーの時代には食料として労働者に与えられていたオリーブが、フランドル地方の食卓では高価な中国製のボウルに大切に盛られていたのである。

第4章◉新大陸に伝わったオリーブ

オリーブのもっとも崇高な役割は、もちろん、マティーニにレモンツイストを入れさせないこと……
——L・R・シャノン

◉オリーブなんてぞっとする

妻の話では、アンバーソン家の人々はほかの人がつくるようにレタスサラダをつくらないらしい。レタスをきざんで砂糖と酢で和えるどころか、レタスにオリーブ油と酢をかけて、それもほかの料理の付け合わせではなく、別料理として食べるという。おまけにオリーブの実まで食べるらしい。硬いスモモに似た緑色のオリーブで、友人いわく、まずいヒッコリーの実のような味がするそうだ。妻はこのオリーブとやらを少しばかり買ってみるという。「あなただって9つも食べれば、きっと好きになるわよ」。わざわざ好きになるために、まずいヒッコリーの実を9つも食べるくらいなら死んだほうがましなので、オリーブについてはもう触れないことにしよう。どのみち女が好むような食べ物だろうし、9つも食べたら、誰だってめまいがするにちがいない。だがこれを町にもちこんだのは、あのアンバーソン家の人々なのだ。ほかの人々はうやうやしくオリーブを食べるのだろう。たとえ吐き気をもよおそうと！

1918年の小説『偉大なるアンバーソン家の人々 *The Magnificent Ambersons*』のなかで、著者のブース・ターキントンは20世紀初頭のアメリカの新興ブルジョアジーの食習慣について、皮肉たっぷりに面白おかしく語っている。当時は――フランス料理の味もまだ知られておらず、ましてや地中海式ダイエットという言葉が世に出るずっと以前――新大陸の人々の舌はまだ大半が無垢なままだった。

この小説の語り手は、オリーブが栽培されている国々について何も知らないらしく、オリーブを食べるなんてぞっとすると思い、サラダを濃厚な甘いソースではなくオリーブ油と酢だけで、それもサイドディッシュ（副菜）として食べるようなとんでもない国際人の、貴族的な隣人「偉大なるアンバーソン家の人々」をあまりよしとしていない。1920年代に人気があった、レタス、マラスキーノチェリー［マラスキーノ酒につけたサクランボ］、マヨネーズ、ナシ、チーズ、それに人工着色料を加えてつくる「フラッパーサラダ」からはかけ離れているからだろう。

中産階級のアメリカ人は、地中海地域と中東におけるオリーブの長い歴史について知らなかったし、関心もなかった。オリーブがのちに「狂騒の20年代」［とくにアメリカの、第1次大戦後の浮かれた時代のこと］のもっともおしゃれなカクテルのひとつ、マティーニを特徴づけるガーニッシュ（飾り）になることに、気づいている人はまだほとんどいなかった。

オリーブとオリーブ油がアメリカ人になじみのあるものになり、日常の食生活の一部になるまでには、まだしばらく時間がかかることになる。オリーブ油は以前からカリフォルニア州で生産されていたが、アメリカで市場らしい市場を獲得したためしがなかった。見込み客といえばイタリア系アメリカ人ぐらいだったが、彼らはイタリアからの輸入品のほうを好んだ。

アメリカで大当たりしたオリーブは、マティーニに入れる小粒の緑オリーブと、「カリフォルニアライプオリーブ」と呼ばれる大粒の完熟黒オリーブだけで、後者はぴりりとした辛味のあるイタリアやスペインのオリーヴとはかなり違っていた。その「やわらかな」――いいかえれば個性のない――味で、カリフォルニアライプオリーブはアメリカでたちまち人気を博し、このテーブルオリーブ［塩漬けなどの保存加工をほどこした食用オリーブ］だけは、1980年代までずっといたるところで売っていた。

◉修道士、オリーブを植える

それでもオリーブの木は、南北アメリカ大陸に最初に移植された旧大陸の植物のひとつだった。最初のオリーブの木は早くも1520年、セビーリャ（スペイン）近くのアルハラフェ地方のオリヴァレスから、西インド諸島のイスパニオラ島とキューバに到着した。スペインのコンキスタドール［16世紀に南北アメリカ大陸を征服したスペイン人］は1560年にペルーに到達した際、オリーブの挿し木をもちこんだ。

しかしオリーブがほかの多くのヨーロッパ原産の果樹とともに南米、つづいてメキシコ、そしてついには18世紀後半にアルタカリフォルニア［現在のカリフォルニア州の地に対するスペイン人による名称］で広く栽培されるにいたったのは、フランシスコ会、イエズス会、ドミニコ会の修道士のたゆまぬ栽培努力のおかげだった。

カリフォルニアのオリーブは、メキシコのサンブラスから北に向かってさすらっていたフランシスコ会修道士によって植えられ、彼らはのちの1769年、現在のサンディエゴの

ゲッセマネの園で、フランシスコ会修道士によって世話をされるオリーブの古代樹。エルサレム、1900～10年頃。

地にサンディエゴ・デ・アルカラ伝道所を建設した。修道士はオリーブの木をおもに自分たちで使うために植え、料理用油や灯火用油、石鹸の原料、羊毛を紡ぐ前にひたす油、機械類の潤滑油などにもちいた。

１８２１年にメキシコがスペイン国王の支配から解放され、新メキシコ政府がカリフォルニアにあるすべてのスペイン公有地を国有化するまで、オリーブ園は宣教師によって維持された。

12年後の１８３３年、メキシコは伝道所を宗教から分離し、教会から土地を没収してカリフォルニア植民地に編入した。フランシスコ会士が伝道所を去り、田畑や果樹園を見捨てると、世話をする者が誰もいなくなり、オリーブ園は荒れ果てた。それでもサンノゼ伝道所とサンディエゴで数本の木が生きのび、さらにジュディス・M・テイラーが回想しているように、１８０５年にまでさかのぼる最古の木が１９９６年の時点でなおもサンタクララ伝道所で生き残っていた。(1)

◉カリフォルニアのオリーブ栽培

こうした旧大陸の文化と数千年におよぶオリーブの歴史から芽吹いた、わずかだが強靭な若枝が、オリーブの新たな方向性を指し示していた。オリーブ物語のこの新たな章は、小さなオリーブ畑や家族経営のオリーブ園ではなく、集約農業と最先端技術を応用した、地球規模の――ほぼすべての大陸におよぶ――オリーブの木の広大な単作地帯からはじまる。

１８５０年から１９００年のあいだ、カリフォルニアのオリーブ栽培者は製品改良にとり組みはじめていた。栽培種が地中海諸国から輸入され、世紀末には、カリフォルニアの栽培者は良質のオリーブ油を製造する技術を習得していた。生産量はいちじるしく増加したが、さまざまな理由から、アメリカで製造されたオリーブ油は国内市場をほとんど見つけられなかった。急増するアメリカの人口の大部分はオリーブを食べたことさえなく、オリーブ油を口にしたことのある人がわずかにいるだけだった。

これはイギリスでも同様で、18世紀から19世紀にかけて南イタリアからイギリスに輸出されたオリーブ油は、ほとんどが工場機械の潤滑油に使われ、少量がかろうじて薬用として利用されるだけだった。昔からイギリスでは俗に「オリーブ油のように茶色い」というように、イギリス人の多くは良質のオリーブ油を口にしたことがないばかりか、見たことさえなかった。１９７０年代まで、イギリスでオリーブ油が見つかる場所といえば薬局ぐらいで、それも便秘薬として売られていたにすぎなかった。

アメリカでは、オリーブを食べる習慣があり、その保存法やオリーブ油を使った料理法を知っていたのはヒスパニックの人々だけだった。おそらくカリフォルニアで、伝道所が放棄したオリーブの木からオリーブを収穫していたのだろう。

●イタリア系アメリカ人

さらにその後、19世紀後半にイタリアから移民が大挙してアメリカにやってくると、彼らはオリーブ油を大量に買って使用したが、すでにおわかりのように、買ったのはカリフォルニア産の油ではなかった。カリフォルニアに定住した移民のほぼ80パーセントが、トスカーナ地方のルッカやシチリア島など、何世紀にもわたりオリーブを栽培してきた地域の出身だった。こうした移民はカリフォルニアのオリーブ園の価値を理解しただけでなく、オリーブの木の栽培や剪定《せんてい》の技術ももっていた。

それにもかかわらず、1910年代までイタリアから輸入したオリーブ油を購入しつづけたのは、まさにこのイタリアからの大量の移民だった。初期のイタリア系アメリカ人のコミュニティは驚くほどイタリア製品と、みずからの文化的アイデンティティの重要な要素とみなしていたイタリア料理に忠実だった。

1898年から1910年のあいだ、輸入オリーブ油の消費量は3倍に増加している。

イタリア系アメリカ人の家庭は暖房がなくても、食事がわずかでも辛抱できたが、オリーブ油とパスタ、ワインだけは犠牲にしなかった[2]。それについて、アメリカの小説家で映画脚本家のマリオ・プーヅォはこう書いている。

1930年代の大恐慌時代、私たち一家は最貧困層だったが、十分な食事をとれなかったという記憶がまったくない。何年もたって、大金持ちの集まりに招かれてわかったのは、生活保護を受けていた私の貧しい家族は、アメリカでもっとも裕福な人々の一部よりもよい食事をしていたことだった。私の母は、最高級の輸入オリーブ油とイタリア産チーズ……以外のものを使うなんて考えもつかなかったのだろう[3]。

外国に住むイタリア人が消費するオリーブ油の量は1929年まで増加しつづけ、オリーブ油はイタリアからアメリカへの主要輸入品のひとつになっていた。だが第1次世界大戦後、輸出品目はがらりと変わる。その頃にはオリーブ油は新大陸で生産されるようになり、新たな消費者層も生まれていた。1929年には大恐慌と時を同じくして「大寒波」に襲われ、イタリアではこの冷害で半分以上のオリーブの木が枯れた。同国のオリーブ油生産高は50パーセント減少し、アメリカのイタリア産オリーブ油市場は崩壊した。それと同時にイタリアか

オリーブの収穫。カリフォルニア州、20世紀初頭。

らアメリカへの移住は、移民数を制限する新たな移民法が適用されたことで少しずつ減少していった。

このようにして突然、上質のイタリア産オリーブ油の需要が激減することになった。イタリアは需要の減少に対応できず、イタリア系アメリカ人もまた消費をやめてしまったからだ。ヨーロッパが戦火におおわれるいっぽう、大西洋の反対側ではイタリア系アメリカ人のコミュニティが拡大したことで（この頃には、こうした「イタリア人」はほとんどがアメリカ生まれとなっていた）、イタリア系アメリカ人が自分の食事に欠かせないものを新大陸でみずから生産するという状況になった。

2世のイタリア系アメリカ人は、親の世代にくらべて高品質なオリーブ油を口にした経験が少なかった。加えてアメリカで一般的な、安い綿実油［ワタの種子から採る油］のくせのない大量生産品の味に慣れ親しんでいる場合も多かった。イタリア系アメリカ人の店ではもう、シチリア島から直輸入した、泥のついた自家製オリーブ油の缶は売られなくなったのである。(4)

シチリア方言とナポリ方言とニューヨーク英語が入り混じった「ブロッコリーノ」を話すブルックリン（ニューヨーク）のイタリア系アメリカ人が買い求めたオリーブ油缶は、いわば「理想化されたイタリアの記憶」のようなものだった。彼らが夢見る祖国とは、さんさんと降り注ぐ太陽の光とおいしい食べ物、そして美しい風景が渾然一体となったものであり、彼らはそんな理想のイメージを缶のラベルに見いだしたかっただけで、その中身がどこで栽培され、いつ収穫され、いつ容器詰めされたかにはあまり関心がなかった。

1缶のオリーブ油と1袋のパスタは、彼らにとって祖国を夢想し、強烈な郷愁にひたるための口実だった。「サンレモ・ブランド。イタリア製。イタリアで包装」「マルカ・ソレ・ミオ。マサチューセッツ州ボストン、C・トリエリ社によりイタリアで容器詰め」「オルランド・ブランド。シチリア産の純粋なヴァージンオリーブ油。イタリアで容器詰め」——アメリカ系イタリア人が買っていたのは、こうしたブランドだった。(5)

高品質のオリーブ油は品薄になり、多くの悪徳業者が油っぽくて風味がなく、混ぜ物をした油を、純粋な「エクストラヴァージン」オリーブ油として販売した。アメリカで綿実油の新たな精製法が開発されると、オリーブ油はさらに利益をあげるため綿実油で薄められた。

◉オリーブの缶詰

アメリカで栽培され缶に詰められたオリーブは、また事情が異なっていた。20世紀初頭、アメリカのオリーブ油生産者がイタリアからの輸入品に市場を譲ったのは、味の問題だけでなく、価格の問題もあった。[6] アメリカで生産されたオリーブ油はおもに高い労働コストのせいで、イタリアからの輸入品よりはるかに高価だったからだ。

イタリアの分益小作農［収穫物の一定割合を小作料として地主に納める小作農のこと。収益分配の不公平などにより貧しく、最下層農民層を形成］のおかげで、輸入業者は輸送費がかかってもイタリア製品を安く売ることができた。このため、アメリカのオリーブ油製造業者はオリーブの缶詰加工業に転換した。

カリフォルニア州では、セントラルヴァリーに缶詰工業の広大な農園が発展したが、ソノマとナパでは、同州の歴史の初期にまでさかのぼる古木が抜かれ、代わりにブドウの木が植えられたり、南のロサンゼルス周辺の駐車場の飾りに使われたりした。その後１９８０年代の終わり頃になって、オリーブ油が健康によいことに気づきはじめたアメリカ人が増えるにつれ、カリフォルニアの人々はあらためて残っているオリーブの木に注目するようになった。[7]

オリーブ缶詰の女王は、フリーダ・エーマンというドイツ生まれのアメリカ人で、いかにしてオリーブの実を容器詰めし、またいかにして辛味と酸味、苦味のあるオリーブをアメリカ人に売るべきかを理解した最初の女性だった。

カリフォルニア大学バークレー校農学部学部長の助けを借りて、エーマンはオリーブのい

自分が保存加工した黒オリーブを確認するフリーダ・エーマン。

わゆる「伝統的な」味を弱めるような保存法を考案した。これにより、スペインのオリーブのようなぴりりとした辛味はなくなり、くせのない味を好むアメリカ人の舌に合うまろやかな風味になった。また、オリーブは昔から塩水を入れた大樽に詰められていたが、保管や輸送を容易にできるように、少量ずつ容器詰めすることも思いついた。

1839年にドイツで、ルター派教会の牧師の父とユグノー亡命者の子孫である母とのあいだに生まれたフリーダ・エーマンは、少女の頃にアメリカに移住した。18歳のとき、同じドイツからの移民で医師のエルンスト・コルネリウス・エーマンと結婚するとイリノイ州クィンシーに落ち着き、子供をもうけた。夫が早世すると、フリーダは娘のエマを連れ、カリフォルニア州でベンチャー事業をしていた息子のもとへ移り住んだ。ところが1897年、フリーダは息子の事業に投資していたお金をすべて失ってしまう。

しかし無一文になった初老のフリーダ・エーマンは、自分の不幸をあわれんで時間を無駄にするような女性ではなかった。そしてオークランドに住む娘の家の裏にある、一家の唯一の資産、20エーカーの果樹園で採れたオリーブを塩漬けにしはじめた。最初は樽に詰めていたが、それがのちにガラス製の広口瓶になり、最終的にはブリキ缶になった。

エーマンオリーブカンパニーはたちまち成功をおさめ、その人気は美食家だけにとどまらなかった。1905年には、エーマンオリーブはアメリカでもっとも好まれるオリーブになっ

ており、全国の高級ホテルや有名レストランに販売されていた。(8)

残念ながら、エーマンの成功物語はハッピーエンドではなかった。1919年、保存処理が不適切だったオリーブがボツリヌス中毒を引き起こし、東部と中西部で35名の死者を出したのだ。缶詰工場は倒産した。フリーダは1932年、93歳まで生きたが、最後まである決め事をかたくなに守った。それは、家にはアルコールと、緑オリーブをけっして置かないというものだった。(9)

エーマンオリーブはもちろん、黒くて大粒の「カリフォルニアライプオリーブ」だった。フリーダのアルカリ溶液で処理するレシピを使うと、現在も食料品店の棚に缶詰で売っているブラックカリフォルニアオリーブに似た、とてもまろやかな味のオリーブができた。

ボツリヌス中毒騒動のあと数年間、消費者は警戒してオリーブ缶詰を手にとろうとしなかった。しかし缶詰方法への信頼が回復し、1920年代に緑オリーブを添えたマティーニがジャズエイジ［狂騒の20年代の自由で退廃的な文化と世相を表す言葉］の流行のカクテルになり、さらにカリフォルニアライプオリーブがオードブルの定番になるにいたって、ついにオリーブは無罪放免となった。これ以降、カクテルアワー［カクテルなどのアルコール飲料が出される夕食前の時間］に欠かせないものとしてオリーブ缶詰が家庭に常備されるようになった。

現在、テーブルオリーブ缶詰工業がカリフォルニアで生産されたオリーブのほぼ90パーセ

ジョン・シンガー・サージェント「オリーブ園」、1910年。油彩、カンヴァス。

ントを引き受け、カリフォルニアは世界のテーブルオリーブの生産の約6・7パーセントを占めている。

●大寒波の影響

イタリアでは第2次世界大戦以降、オリーブ園の景観がすっかり様変わりした。小規模農家や分益小作農（メッザドリーア）が姿を消すとともに、小農地につきものだった作物の混作——ブドウ、オリーブの木、アーモンド、モモ、イチジクなど——も見られなくなった。イタリアは1985年までずっとオリーブ油の主要生産国だったが、同年、再び寒波が中部イタリアのもっとも重要なオリーブ園の多くを破壊した。1985年の冷害後、枯れた古木を切り倒して新たに植樹したため、イタリアの田園地方は現在、樹齢数百年の古木がうっそうと生い茂っていた昔日《せきじつ》の景観とは違った姿を見せている。

1986年からは、スペイン、ポルトガル、ギリシアがイタリアの生産不足を補い、ヨーロッパ全体としての輸出量を維持するようになった。1980年代半ばまでイタリアは世界のオリーブ油生産量の34パーセントを占めていたが、現在はわずか14パーセントで、世界最大の生産国であるスペインに次いで第2位だ。

今日さらにいっそう重要なのは——とげの多い小さな低木がオリーブの木になってから、その歴史は５０００年以上になるが——、この美味な、油をたっぷりふくんだ果実がもはや、もっぱら地中海地域だけの関心事ではなくなったことだ。地中海を出るのに長い時間がかかったが、オリーブとその油はようやく南北アメリカ大陸、オーストラリア、ニュージーランドに到達した。そしていま、オリーブの新しい千年紀がはじまったのである。

第5章◉地中海式ダイエット

「ウェイター、エクストラオリーブ油を頼む。頭痛がするんだ」

――ロバート・リー・ヘッツ、2005年9月1日付ロサンゼルスタイムズ紙

ヴァージンとエクストラヴァージンなんて区別があるから混乱するんだ。女はヴァージンかそうじゃないか、どっちかだ。エクストラヴァージンなんていやしないだろ？　要は味だよ。

――モート・ローゼンブラム『オリーヴ讃歌』［市川恵里訳、河出書房新社］

最後に地中海式ダイエットと、オリーブ油をふんだんに使った食事は健康によいという、現在ほぼ世界中で信じられている考えについて触れたいと思う。後者は、これまで何世紀にもわたりエスコフィエやジュリア・チャイルドのような著名な料理人や料理研究家、あるい

地中海沿岸地域

は20世紀初頭のアメリカの厳格な食事規定が推奨してきたこととは正反対の考えだ。20世紀初頭のアメリカの栄養学者は、パスタやオリーブ油などの移民料理は「アルコールの摂取につながり、神経系の興奮過剰を引き起こし、消化も悪い」と考えていた(1)。

◉「地中海ブーム」に根拠はあるか

だが近年のオリーブ油ブームには、ある問題が潜んでいる。それは、この地中海式ダイエットには特定の、そして正確な根拠が存在しないということだ。厖大な量の科学的文献や美食にかんする文献も、地中海沿岸地域の文化的アイデンティティなるものの存在を証明していない。しかしそのいっぽうで、科学者、料理人、栄養学者、食品メーカー、政府の健康アドバイザーらはこぞって、オリーブ油は正しい食生活、いわゆる地中海式ダイエットの中心的要素だと決めつけている。

事実、多くの研究者によれば、地中海沿岸諸国のあいだに共通のつながりを見いだすことは、それもとりわけ料理の分野では、ほぼ不可能だという。地中海沿岸に住む女性のあいだには道義心や貞操観念が共通していると指摘する向きも多少あれば、社会情勢や政治情勢、生態学的条件が一部共通していると指摘する向きもある。(2)

しかしイタリアの歴史家ピエーロ・カンポレージは、冗談半分にではあるが、こうした料理の分野における「地中海ブーム」に警鐘を鳴らしている。カンポレージによれば、地中海沿岸諸国を結びつけているといえる唯一の料理は、おそらくシチュー（煮込み料理）だという。それは、フランスのポトフ（pot au feu）、スペインのオーラポドリダ（olla potrida）、イタリア、ピエモンテ地方のカッスーラ（casseula）のような、肉と野菜でできたとろみのあるシチューで、たぶんオリーブ油で調理しているだろう。

だがこれは、いわゆる地中海沿岸諸国のほんの数カ国に共通する要素であるにすぎない。イスラム諸国の多くでは、料理には何がしかの動物性脂肪をもちいるほうが一般的だ。それに彼らはワインを飲まないし、パスタより米を好んでいるではないか！(3)

さらにおかしなことに、経済的繁栄が長いあいだ当たり前になっているような豊かな社会ならいざ知らず、地中海式ダイエットのような「質素な」食事モデルが多くの人に好まれる

地中海式ダイエット・ピラミッド

ということ自体が想像しがたい。現に、地中海式ダイエットの発祥の地であるギリシアや南イタリア、スペインといった地域では、このような食習慣は現在もっとも人気がない。肉や動物性脂肪、ファストフードといったものがいまや、つい30年前までこうした地域の人々が想像もしなかった豊かさと幸福の象徴なのだ。

それにもかかわらず、地中海式ダイエットとエクストラヴァージンオリーブ油をふんだんに使うことは、多くのレストランとダイエット専門家にとってもはや「信仰」になっている。おそらく古代以来はじめて、オリーブ油という名のもとに食品メーカーと専門家が同盟を結んだのだろう。どうしてこんなことになったのだろうか。この新しい同盟の背後には、健康上の理由以上の何かが潜んでいるのだろうか?

●食習慣の研究

アメリカで一般的だった食習慣に代わる新たな食習慣を専門家が研究しはじめたのは、第2次世界大戦直後のことである。すでに戦争によってさまざまな生活習慣がいや応なく変化しており、新しい考えを打ちだすべき時だった。多くの調査機関が西洋のさまざまな食習慣を比較しはじめ、1947年、ロックフェラー財団はクレタ島の765世帯を対象に疫

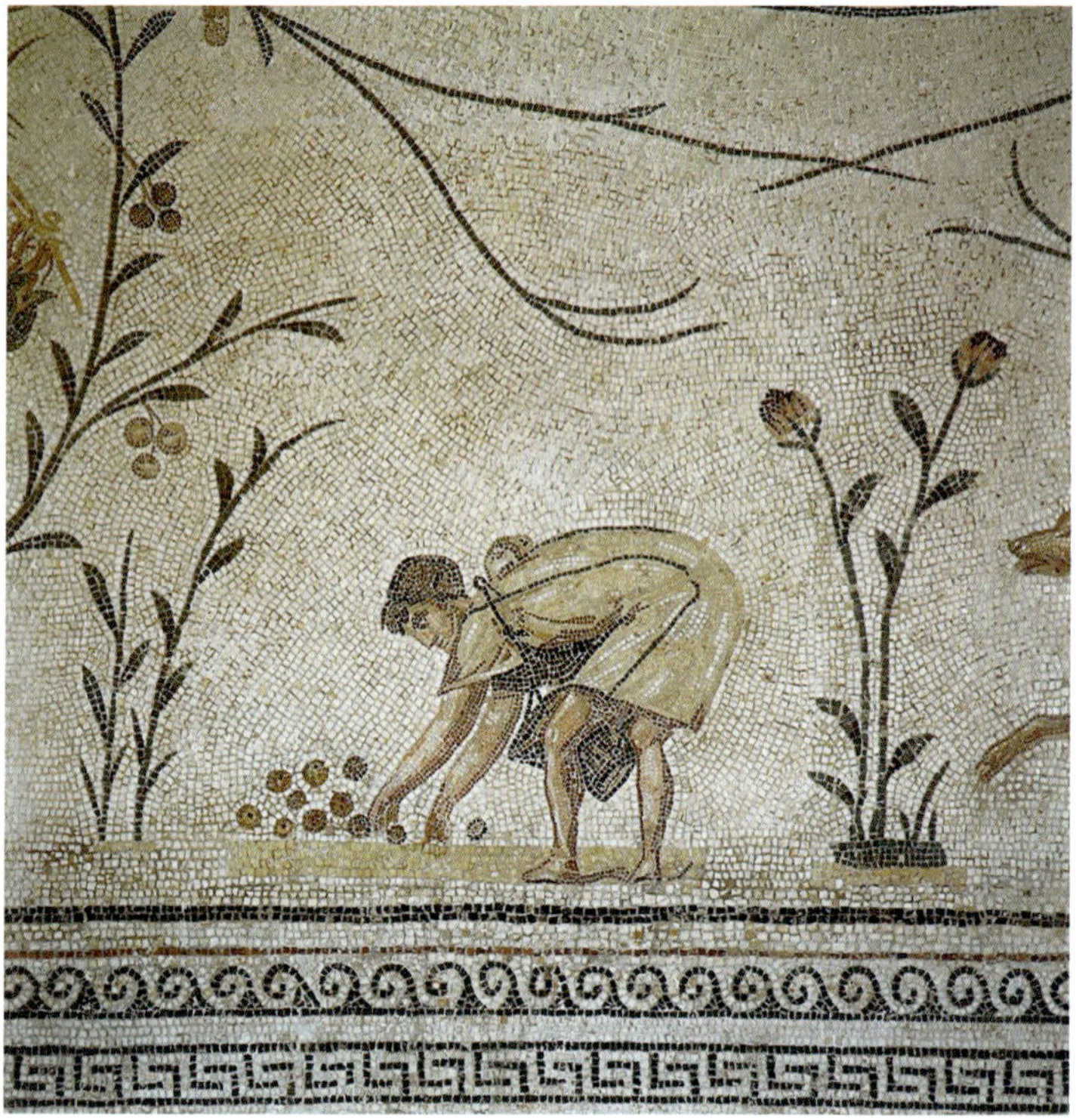

「ネプチューンと四季」（部分）。モザイク。２世紀中頃。

学的調査を実施し、食習慣がもたらす結果を究明した。

またアンスル・キーズ博士は、イタリアのニコーテラ（カラブリア地方）、クレタ島のヘラクリオン、ギリシアのカステリで医学研究を行なった。これらの研究から、小麦（パンやパスタ）、動物性脂肪ではなくオリーブ油のような不飽和脂肪、新鮮な野菜、果物を基本とした食事が、冠状動脈性心疾患の予防に役立つことがわかった。

１９５９年、キーズ博士と妻のマーガレットは料理書『正しい食事で健康に生きる *Eat Well and Stay Well*』を著し、そのなかで地中海諸国のさまざまな料理を集めてまとめ、地中海式ダイエットに食事法と料理の両面から実際的な枠組みを与えた。18世紀以来、フランス料理が他の追随を許さず頂点に君臨しつづけていたことを考えれば、これは多くの点で非常に画期的なことだった。『正しい食事で健康に生きる』はアメリカに大きな衝撃を与え、１９６２年にはイタリア語訳が出て、ヨーロッパでも大反響を呼んだ。

それから40年にわたり、キーズ博士の研究は医療の分野だけでなく料理の分野にも多大な影響をおよぼし、植物性脂肪のオリーブ油を基本とした、より健康的でバランスのとれた食事をアメリカ人に推奨しつづけてきた。

またキーズ博士は『７つの国々——死と冠状動脈心疾患の多変量解析 *Seven Countries: A Multivariate Analysis of Death and Coronary Heart Diseases*』（１９８０年）のようなほかの研究で、

南イタリアのオリーブ収穫。

「よい食習慣」の概念といわゆる地中海式ダイエットの関係をさらに説得力のあるものにした。ギリシアの人々が世界のほかの国々にくらべて心臓疾患にかかる割合が低いことを突きとめ、その説明として、1948年のロックフェラー財団の報告書のデータを引き合いに出している。そしてギリシアの食事に「善玉」脂肪のオリーブ油が使われていることが、地中海式ダイエットとしてのちに知られることになる食習慣の重要な要素だと結論づけたのである。[4]

1970年代と1980年代には、科学と美食学がめずらしく手を結んで、オリーブ油をベースにした料理は健康にとてもよい効果をもたらすという考えを支持し、また多くの出版物も地中海式ダイエットを大々的に喧伝《けんでん》した。

ジョルジョ・デルーカは1950年代に子供時代を過ごし、シチリア風ナスのサラダ、カポナータをはさんだサンドイッチを学校にもっていくのが恥ずかしかったというイタリア系アメリカ人のひとりだった。デルーカは1980年代、共同経営者のジョエル・ディーン、ジャック・セグリックとともに、マンハッタンの高級食料品店ディーン&デルーカで新しい生活スタイルを提案し、一躍時の人となった。その新しい生活スタイルには、バルサミコ酢、天日干しトマト、エクストラヴァージンオリーブ油という、生き方そのものを象徴することになる3つの食材が不可欠だった。[5]

1990年代にはアメリカの組織オールドウウェイズが、地中海周辺のオリーブ生産地域

カポナータ。シチリア風ナスのサラダ。レシピは166ページ参照。

で最近までずっと続いていた食習慣だとする「伝統的な地中海式ダイエット」を奨励しはじめた。オールドウェイズの食事法は、新鮮な果物や野菜などの植物性食物をたっぷりとることを基本に、脂肪にはオリーブ油をもちい、乳製品や魚、鶏肉を適度に摂取するというものだ。

ますます多くの研究が示唆しているように、こうした食習慣は心臓の健康だけでなく、それ以外の病気の低い発症率とも深い関係がある。オリーブ油は健康によい脂肪源というだけでなく、フリーラジカル（遊離基《ゆうりき》）［体内で細胞を傷つける物質］を消失させ、油のなかのビタミンEを保護する役割もはたす抗酸化物質――クロロフィル、カロテノイド、ポリフェノール化合物――を高濃度にふくむ。

◉オリーブ油ブームが示すもの

アメリカにおけるオリーブ油の消費量は、1982年には2万9000トンだったが、1994年には25万トンに激増した。(6) イギリスでは2006年、オリーブ油の売上高がはじめてほかの植物油のそれを上まわった。市場アナリストのクレア・バークスが述べているように、これは「オリーブ油ブームが、こうした生き方がもたらすステータスとしての価値

ルカ・デラ・ロッビア「11月」。「月の労働」より。1450～56年。スズ釉薬をもちいて青色、白色、黄色に彩色したテラコッタ。

はもとより、地中海料理や健康上の効能によっても支えられているからだろう[7]」

昔オリーブ油が薬局の便秘薬コーナーにならんでいたことを考えれば、なんという進歩だろう。ただしかし――疑問は残りつづける。オリーブ油がバターにとって代わり、フランス料理が地中海式ダイエット人気に押されて隅に追いやられているのは、本当に健康によいという理由だけなのだろうか。

かつてのダイエット専門家は、脂肪の摂取量を制限するよう忠告していたものだが、現在では、脂肪は「悪玉」（動物性）と「善玉」（植物性）に分けることが一般的になっている[8]。オリーブの健康効果は明らかかもしれないが、オリーブ油と「地中海」の食習慣を好む風潮の背後には、もっと深い願望と欲求が隠されているように思えてならない。

現在、オリーブ油はたんなる脂肪の一種などではない。それは、まったく新しい生き方を象徴している「何か」である。ただの食材どころか、オリーブはある種の完全な価値体系そのものであり、そこでは、オリーブ油が古代そのままの自然かつ伝統的な方法で搾られているかどうかが重視される。たとえ最新技術の助けを借りていたとしても、おもに手作業で行なわれる搾油工程が、オリーブ油を「加工されていないもの」の典型、手つかずの自然の象徴、また「効率の悪い」やり方や「粗末な」食べ物のほうが豊かさより望ましいとする反工業主義的世界のシンボルにしている。

オリーブ油はどういうわけか私たちを、時代を何十世紀もさかのぼって——現代社会も革命もブルジョア的嗜好もバターまみれの貴族料理も一足飛びに飛び越えて——太古の昔へと、ホメロスやウェルギリウスが描いた古代ギリシア人やローマ人の「純粋な」過去へといざなう。バターよりオリーブ油を好むことは、歴史よりも神話を好むようなものだと感じずにはいられない。それは、現実の生活のしがらみとは無縁などこか神話的な場所で、神話的な時間を探求することなのだ。

フィンセント・ファン・ゴッホ「オリーブ摘み」。1889～90年。油彩、カンヴァス。

オリーブの品種

オリーブの木には何百種類という品種がある。栽培種のなかには、非常に近縁な関係にありほとんど同一で、名前のわずかな違いでしか区別できないものもあれば、はるかに遠縁な関係にあるものもある。単一の種が、ひとつの国のなかでさえ、場所によって異なる名前で呼ばれることもある。オリーブは外観、生育特性、大きさ、油含有量、味わい、化学的性質、成熟期、ほかの多くの要因によってさまざまに異なる。では、国別に代表的なものを紹介しよう。

●スペイン

アルベキーナ種　カタルーニャ地方原産。黄金色の小粒のオリーブ。テーブルオリーブとオリーブ油の原料として利用され、バターのような風味とぴりっとした辛味をもつ。

コルニカブラ種　カスティリャ地方ラマンチャ原産。はっきりとした苦味とぴりっとした辛味をかすかに感じる、強い芳香の油が採れる。

エンペルトレ種　アラゴン原産。中粒の黒オリーブ。テーブルオリーブのほか、良質のオリーブ油の原料にもなる。熟した赤リンゴや新鮮な果実に似た香りをそなえる。

エンペルトレ（Ⅱ）種　ほとんどがカタルーニャ地方で栽培される。オリーブ油の原料としてもブラックテーブルオリーブとしても利用される。新鮮な果実やアーモンドのような香りをもつ、甘い味わいのオリーブ。

オヒブランカ種　アンダルシア地方原産。スペイン語で「白い葉」を意味する。緑色から紫色の、果肉のしっかりした中粒のオリーブ。野菜の風味に富み、油含有量は少ないが、オリーブ油の原料にも使われる。

モリスカ種　エストレマドゥラ地方原産。果肉の多い大粒の果実をつけ、油含有量も多い生産性の高い品種。グリーンテーブルオリーブとしても利用される。

ピクアル種　もっとも重要なスペインの栽培種。中粒の黒オリーブで、オリーブ油の原料に使われる。スパイシーでフルーティ、かすかに苦味のある味わいで、新鮮なハーブや花のような香りをもち、油含有量が多い。

ピクード種　小粒の紫色のオリーブ。収穫量が多く、最高級のオリーブ油（バエナ産のものが最高とされている）がつくられる。テーブルオリーブとしても加工される。

◉イタリア

ビアンカ種、ボッサーナ種、トンダ種　サルデーニャ島原産の栽培種。ほのかな苦味と、アーティチョークやタンポポのような香りをそなえた緑色のオリーブ油になる。

カロレア種、コラティーナ種、オリアローラ種　カンパニア地方原産。濃厚でフルーティな黄金色のオリーブ油が搾られる。

ドルチェアゴージャ種　ウンブリア地方原産。緑色から紫色の中粒のオリーブで、油含有量は中程度。天日干しブラックオリーブにも利用される。

フラントイオ種　イタリア中部で栽培される品種。収穫量が多く、とてもフルーティなオリーブ油ができる。

レッチーノ種　ウンブリアおよびトスカーナ地方で栽培される品種。小粒のブラックテーブルオリーブに利用される。油含有量は少ない。

モライオーロ種、ロシオーラ種　ウンブリア地方原産。ほのかにフルーティな風味とぴりっとした辛味が特徴のオリーブ油が採れる。アーティチョークを思わせる香りをそなえた、非常になめらかな油。

ノッチェラーラ・デル・ベリーチェ種　シチリア島原産の品種。果肉の多い中粒の緑オリーブ。テーブルオリーブに最適で、良質のオリーブ油の原料にもなる。

タジャスカ種　リグリア地方原産。中粒の緑オリーブ。オリーブ油は甘い風味と上品な舌触りが特徴。

●ギリシア

カラマタ種　大粒の黒オリーブ。なめらかで濃厚な味わいのテーブルオリーブ用品種。

●ポルトガル

ガレーガ種　もともと酸度が非常に低く、新鮮なフルーツやハーブを思わせる上品な舌触りと風味が特徴。アーモンドから砂糖、スパイスまで、さまざまな香りのものがある。

●フランス

アグランド種　エクサンプロヴァンス原産。かすかに苦味のある、アーモンドとヘーゼルナッツの香りをもつオリーブ油がつくられる。

カイエティエ種　ニースのレストレル山塊原産。とても上品な淡い黄色のオリーブ油になる。繊細でほのかに甘味のある風味をそなえ、アーモンドやアカシア、サンザシを彷彿《ほうふつ》とさせる香りがする。

ルジェット種　アルデシュ地方原産。森林のような香りと、果実に似たかすかな草のような風味をもつ、とても特徴的なオリーブ油が搾られる。

ピショリーヌ種、サビーナ種　コルシカ島原産。青野菜を思わせる草のような香りをそなえた、辛味の強い緑色のオリーブ油ができる。

●クロアチア

オブリッツァ種　果肉の多い中粒の緑オリーブ。上品な舌触りの最高級オリーブ油が採れるほか、ブラックとグリーン両方のテーブルオリーブにも使われる。

◉チュニジア

シュムラリ・ド・スファクス種、シュトゥーイ種、ゲルボウイ種、メスキ種、ウェスラティ種　これらの品種からは、すばらしい芳香と新鮮な果実のような風味をもつ、ほんのり苦味のある緑色をおびたオリーブ油ができる。

◉トルコ

イズミル・ソフラリック種　色の鮮やかな、果肉の多い中粒の緑オリーブ。良質のテーブルオリーブに加工される。スミルナ地方［イズミルの旧称。古代ギリシアの植民市］原産の古い栽培種。

メメシック種　中粒のオリーブ。テーブルオリーブとしても、オリーブ油の原料としても利用される。油含有量が多く、非常にフルーティな風味。

◉イスラエルとパレスチナ

ナバリ種　ガリラヤ［パレスチナ北部地方の総称］およびイスラエル原産。中東最古のオリーブ品種のひとつで、「ローマ人のオリーブ」とも呼ばれる。テーブルオリーブとしても、オリーブ油の原料としても使われる。実は丸々としてやわらかく、油含有量が多い。

◉アメリカ

ミッション種　カリフォルニアおよびテキサス原産。楕円形の中粒のオリーブ。このオリーブの外果皮は濃い紫色になるが、完熟すると真黒に変わる。オリーブ油の原料としても、テーブルオリーブとしても利用される。

◉チリ

アザペーナ種（セビリャーナ・デ・アザパ種）　中粒のものから大粒のものまであり、緑色のうちに摘みとることもあるが、テーブルオリーブ用には黒紫色に成熟してから収穫することが多い。実は細長い形で、薄い外果皮が非常に肉厚の果肉をおおっている。料理の付け合わせとして出すテーブルオリーブ用に栽培されている。

謝辞

貴重な助言、提案、忍耐強い支援、細部まで行き届いた編集作業をしてくれたフレデリーカ・ランデル、この胸躍るオリーブの旅へと船出するきっかけをくれたアーリン・バルク、原稿を辛抱強く読んで意見をくれたフランチェスカ・ダンドレア、メアリー・テーラー・シメティ、ケイト・ウィズロー、必要なときにいつもそこにいてくれたダフネ・ミラー、ローレン・ベネット、ファビオ・パラセコリ、ジュゼッペ・バルベーラ、パオロ・イングレーゼ、それにすばらしいペストのレシピを教えてくれたマリア・フローラ・ジュビレイ、美しい写真を撮ってくれたガイ・アンブロッシモ、バーニャカウダの調査をしてくれたドメニコ・マシ、レシピを提供してくれたリン・アリー、クラウディア・ローデン、マギー・ブライズ・クライン、そしてゆるぎない自尊心を与えてくれた父に、心から感謝する。

訳者あとがき

　地中海諸国に長く滞在したイギリスの作家ロレンス・ダレル（１９１２〜１９９０）は、オリーブの味を「肉より昔の、葡萄酒より昔の味。冷たい水と同じくらい昔の味」（『予兆の島』渡辺洋実訳、工作舎）と書いた。本書『オリーブの歴史』を読むと、ダレルがそう表現した理由がなんとなくわかってくるにちがいない。

　オリーブの野生種は少なくとも紀元前1万年前にはすでに地中海沿岸に自生していたと考えられ、いまから約６０００年前に地中海東岸で栽培がはじまった。その後、オリーブ栽培はギリシア人や「交易と航海の民」フェニキア人、さらにはローマ人によってしだいに地中海沿岸全域へと広まっていった。

　オリーブの木は非常に長生きで、最高３０００年も生きるという。生命力がきわめて強く、幹を切り倒しても切り株から新しい枝を出して生きつづける。オリーブは太古の昔から豊饒と再生、平和、純潔、強さを象徴するとともに、「聖なる木」として崇められ、宗教や神話と深く結びついてきた。大洪水のあとにハトがオリーブの枝をくわえてもどってきたという有名な旧約聖書の「ノアの箱舟」の逸話をはじめ、オリーブは聖書やコーラン、ギリシア神話はもとより、『イリアス』『オデュッセイア』のような文学作品にも数多く登場する。

とりわけオリーブの実から搾られるオリーブ油は、神殿の灯明の油や塗油のための香油、聖油など宗教儀礼に欠かせないものとして古くから尊ばれた。のちにオリーブ油は明かりの燃料や化粧品、医薬品のほか、調味料としても利用されるようになり、現在にいたるまで地中海沿岸地域に住む人々の食生活において中心的な存在になっている。

近年、オリーブ油の健康効果が注目され、それを多用する地中海地方の伝統的な食習慣、いわゆる「地中海式ダイエット」が世界的なブームになっていることはみなさんもご存じだろう。もちろん本書でもとりあげているが、著者がこの食事法を手放しで称賛すると思ったなら、おそらく肩すかしをくうだろう。著者はオリーブ油の健康効果を認めつつも、このブームに疑問を投げかけ、問題点を指摘しているからだ。

現在、オリーブ油は日本でもすっかり身近なものになり、「オリーブの漬け物」ともいうべきテーブルオリーブの輸入も近年増加しているという。

それにしても、この美しい黄金色の油を口にするときの、あの華やいだ豊かな気持ちはいったい何なのだろう？　体によい油をとっているという気分のよさだけでは説明のつかない、あの心地よさは……。それはたぶん、オリーブ油が地中海——太古の昔から人々の生命を育み、ギリシア・ローマ文明を誕生させ、神話の舞台となった美しく豊かな海——のイメージを彷彿とさせるからなのかもしれない。

著者のファブリーツィア・ランツァはイタリアのシチリア島で料理学校を経営しているだけあって、巻末のレシピ集も非常に充実したものになっている。おなじみのペペロンチーノをはじめ、シチリア島の伝統的な揚げ菓子カッサテッレなど、簡単な材料で手軽につくれるものも多い。ぜひ試してみてはいかがだろうか？

本書『オリーブの歴史 *Olive: A Global History*』は、イギリスのReaktion Booksが刊行しているThe Edible Seriesの一冊である。このシリーズは2010年、料理とワインに関する良書を選定するアンドレ・シモン賞の特別賞を受賞している。

本書の訳出にあたっては、原書房の中村剛さん、オフィス・スズキの鈴木由紀子さんにたいへんお世話になりました。心よりお礼を申し上げます。

2016年4月

伊藤　綺

写真ならびに図版への謝辞

図版の提供と掲載を許可してくれた関係者にお礼を申し上げる。

Guy Ambrosino: pp. 10, 13, 15, 26, 47, 68, 83, 84-85, 89, 91, 96, 94, 128上下, 130; Giuseppe Barbera: p. 35; Bardo Museum, Tunis, Tunisia: p. 126; Bigstock: p. 124 (Anna Smirnova); © Trustees of the British Museum, London: pp. 29, 80; Reproduced from the collection of the Butte County Historical Society, Oroville, California: p. 114; Reproduced from the photograph collection of the California History Section of the California Sate Library, Sacramento, California: p. 110; Indianapolis Museum of Arts, Indianapolis: p. 117; Istockphoto; p. 6 (Juanmonio); Reproduced from the collections of The Library of Congress Prints and Photographs Division, Washington dc : pp. 74上下, 78, 105; The Metropolitan Museum of Art, New York: p. 135; Museo dell'olivo e dell'Olio, Torgiano, Italy: pp. 18, 50, 55, 57, 59, 65; Museo dell' Opera Metropolitana, Siena, Italy: p. 53; The National Gallery, London: p. 99; Ariane Sallier de la Tour: p. 45; Victoria and Albert Museum, London: p. 132; Yale Center for British Art, New Haven, Connecticut: p. 40.

Marchetti Lungarotti, Maria Grazia, ed., *Museo dell'olivo e dell'olio* (Torgiano, 2001)

Mazzotti, Massimo, 'Enlightened Mills: Mechanizing Olive Oil Production in Mediterranean Europe', *Society for the History of Technology*, 45 (2004)

Miller, Daphne, *The Jungle Effect* (New York, 2008)

Montanari, Massimo, 'Olio e vino, due indicatori culturali', in *Olio e vino nell'alto Medioevo* (Spoleto, 2007)

Pliny the Elder, *The Natural History*, ed. and trans. John Bostock and H. T. Riley (London, 1855) [大プリニウス『プリニウスの博物誌』全3巻，中野定雄ほか訳，雄山閣出版，1986年刊]

Rosenblum, Mort, *Olives: The Life and Lore of a Noble Fruit* (New York, 1996) [モート・ローゼンブラム『オリーヴ讃歌』，市川恵里訳，河出書房新社，2001年刊]

Tasca Lanza, Anna, *The Heart of Sicily* (New York, 1993)

Toussaint-Samat, Maguelonne, *History of Food*, trans. Anthea Bell (Oxford, 1997) [マグロンヌ・トゥーサン＝サマ『世界食物百科――起源・歴史・文化・料理・シンボル』，玉村豊男監訳，原書房，1998年刊]

参考文献

Alley, Lynn, *Lost Arts* (Berkeley, ca, 1995)

Angelici, Renzo, ed., *L'ulivo e l'olio* (Milan, 2009)

Archestrato di Gela, *I piaceri della mensa* (*frammenti 330 a.C*) (Palermo, 1987)

Boardman, John, 'The Olive in the Mediterranean: Its Culture and Use', *Philosophical Transactions of the Royal Society, London, B*, CCLXXV/187-196 (1976)

Branca, Paolo, '"E fa crescere per voi…l'olivo… e le viti e ogni specie di frutti". Vino e olio nella civiltà arabo-mussulmana', in *Olio e vino nell'alto Medioevo* (Spoleto, 2007)

Braudel, Fernand, *The Mediterranean and the Mediterranean World in the Age of Philip II* (London, 1972) [フェルナン・ブローデル『地中海』全5巻，浜名優美訳，藤原書店，1991～1995年刊]

Brothwell, Don and Patricia, *Food in Antiquity: A Survey of the Diet of Early Peoples* (London, 1969)

Cato and Varro, *On Agriculture*, trans. W. D. Hooper and Harrison Boyd Ash (Boston, MA, 1934)

Carpuso, Antonio and Sara De Fano, *Olive Oil: From Myth to Science* (Rome, 1998)

Caruso, Tiziano, and Gaetano Magnano di San Lio, *La Sicilia dell'olio* (Catania, 2008)

Cinotto, Simone, *Una famiglia che mangia insieme cibo ed etnicità nella comunità italoamericana di New York, 1920–1940* (Turin, 2001)

Ciuffoletti, Zefiro, ed., *Olivo, tesoro del mediterraneo* (Florence, 2004)

Columella, *On Agriculture*, trans Harrison Boyd Ash, E. S. Forster and Edward H. Heffner, 3 vols (Boston, MA, 1941-55)

Dalby, Andrew, Cato: *On Farming* (Totnes, Devon 1998)

Flandrin, Jean-Louis, 'Le gout et la nécessité: sur l'usage des graisses dans les cuisine d'Europe occidentale (XIV–XVIII)', in *Annales Économies, Sociétés, Civilisations*, 38 (1983)

Glazer, Phyllis, *Gusti, alimenti e riti della tavola nell'Antico e nel Nuovo Testamento* (Casale M., 1995)

Klein, Maggie Blyth, *The Feast of the Olive* (San Francisco, CA, 1994)

Knickerbocker, Peggy, *Olive Oil from Tree to Table* (San Francisco, CA, 1997)

レシピ集

オリーブの保存法

オリーブの味は，いつ収穫するかで異なる。オリーブを保存処理する方法は基本的に，黒いオリーブを乾いた塩で漬けるか，緑色のオリーブをアルカリ溶液または塩水に漬けるかの3つである。塩または塩水に漬ける最初のレシピは，南イタリアでいまも行なわれているのとほとんど同じ方法で，古代ローマの農業専門家ルキウス・ユニウス・モデラトゥス・コルメラの論文集『農業論 *De re rustica*』（第12巻）に記載されている。

◉緑色のオリーブの保存法

コルメラ『農業論』より。

完熟する前の緑色のオリーブをとがった竿でたたき落として収穫し，熱湯にひたして苦味をとりのぞく。湯切りしたあと乾燥させ，細かくきざんだポロねぎ（リーキ），ヘンルーダ，アピオテネロ（セロリに似た植物），ミントといっしょにアンフォラに入れる。最後に，香辛料と蜂蜜で味つけしたワインを流しこむ。

....

◉黒いオリーブの保存法

コルメラ『農業論』より。

まだ熟しきっていない黒いオリーブをヤナギかごに入れて塩でおおい，9月の熱い太陽の下に30～40日放置し，汗をかかせる。自然乾燥させたら，蜂蜜を混ぜて沸騰させた醗酵前のブドウの搾り汁か酢に漬けこみ，上にフェンネルを重ね，乳香樹の種子を混ぜる。

....

◉ニヨン（フランス）産小粒黒オリーブの塩漬け

リン・アリー『失われた技術 *Lost Arts*』で紹介されている現代のレシピ。

1. オリーブを同量のヨウ素無添加食塩かピクリングソルト［ピクルス用の塩。ヨウ素や凝固防止剤をふくまない］，または岩塩と混ぜる。
2. 1を枕カバーに平らになるように入れ，オリーブが完全に隠れるようにさらに塩を足す。果汁が染みでてくるので，汚れてもいい場所におく。
3. 週に1度よくかき混ぜ，4週間おく（もしくは苦味がなくなるまでおく）。
4. 苦味がなくなったら，よく水洗いし，ひと晩乾燥させる。
5. オリーブ油を入れた容器に詰めて保存する。

....

◉緑オリーブの塩水漬け

リン・アリー『失われた技術』より。

1. 緑オリーブを砕いてから塩水に漬ける人もいるが，ここではきれいに洗った緑オリーブをそのまま冷水にひたし，10日間毎日水をとり替える。
2. 10日たったら，より長く漬けるための塩水をつくる。水1ガロン（約3.785リットル）に対しヨウ素無添加食塩1カップを加え，生卵が浮くくらいの濃度にする。
3. この塩水をオリーブが隠れるくらい入れる。
4. 塩水を週に1度とり替え，4週間おく。
5. 4週間たったら，オリーブをもっと濃度の低い塩水に移し，保存する。この塩水は水1ガロンに対しヨウ素無添加食塩½カップを加えてつくる。2～3カ月たったくらいが食べ頃。

◉シリアのオリーブの保存法

世界の料理を研究する熟練した学者，チャールズ・ペリーが収集したレシピ。マギー・ブライズ・クライン『オリーブのごちそう *The Feast of the Olive*』より。

1. パルミラ産オリーブ（できれば黒オリーブ）の種をとり，カルダモン，粉末クルミを加える。
2. 1にコリアンダー，煎ったクルミ，塩漬けレモンを散らして混ぜあわせ，広口瓶に入れる。

◉イラクのオリーブの保存法

チャールズ・ペリーが収集したレシピ。『オリーブのごちそう』より。

1. 熟したオリーブもしくは緑オリーブ（黒オリーブのほうが望ましい）を砕いて塩漬けにする。
2. 毎日ひっくり返し，苦味が消えたら，木の枝を編んだ盆の上に広げ，一昼夜乾燥させる。
3. ニンニクと乾燥タイムを，同量のクルミといっしょにすりつぶす。
4. 3を弱火のオーブンで焼く。オリーブをのせた盆を同じ石板の上におき，ふたを閉めてまる一日おく。
5. 香りがまんべんなくつくように，オリーブを何度かかき混ぜる。
6. オーブンからとり出し，ゴマ油，砕いたクルミ，煎りゴマ，ニンニク，タイムで調味する。

ブルスケッタ（Bruschetta）

オリーブ油は世界的によく知られる料理，ブルスケッタに欠かせない。このうえなくシンプルな料理だが，最高の材料でつくれば，これほどおいしいものはない。

地中海周辺地域でオリーブの木が生えている場所ならどこにでも，ブルスケッタの一種が見つかる。ニースではブリッ

サ（brissa），トスカーナ地方ではフェットゥンタ（fettunta）と呼ばれるが，材料はどこでもほとんど同じで，イタリアの大きな田舎風パンの薄切りとニンニク，それに新鮮なオリーブ油だけだ。

南イタリアでは，この料理は昔もいまも変わらずたいへん人気があり，乾燥オレガノや，細かくきざんだ新鮮なトマトをのせることもある。

基本的なブルスケッタのレシピ——薄切りにしたパンを焼き，それにニンニク1片をこすりつけ，オリーブ油をふりかける。

サラダ

次に紹介するのは，ギリシアと南イタリアで食べられている伝統的なオリーブ料理2種。

オリーブは農民の日々の食事に欠かせないもので，おもにパンといっしょに食べられていた。これはシチリアのレシピで，この島の農場労働者は働きづめの一日の終わりに，焼きたてのデュラム小麦のパンに添えて食べていた。この料理はオリーヴェクンザーテ（olive cunzate）と呼ばれ，シチリア方言で「味つけしたオリーブ」を意味する。

今日オリーヴェクンザーテはふつう前菜として出され，冬のあいだも食べられるように缶詰にすることが多い。オリーブは必ず熟していない緑色のものを摘みとり，砕いたら塩水に数カ月漬け，そのあと調味する。

◉オリーブ入りグリーンサラダ

（5人分：2カップ，500*g*）
塩漬け緑オリーブ…350*g*
薄切りにした赤タマネギ…小½個
きざんだセロリの茎（やわらかな葉がついたもの）…1本
薄切りにしたニンジン…1本
きざんだニンニク…1片
乾燥オレガノ…大さじ2（30*g*）
きざんだトウガラシ…小1本
ワインヴィネガー…大さじ2（30*ml*）
オリーブ油…大さじ2（30*ml*）

1. オリーブを水洗いして余分な塩をとりのぞき，振って水を切る。
2. オリーブをボウルに入れ，タマネギ，セロリ，ニンジン，ニンニク，オレガノ，トウガラシを加える。
3. 2にワインヴィネガー，オリーブ油を加えて，混ぜあわせる。室温で供する。

……………………………………

◉黒オリーブのロースト，オレンジピール風味

（4人分：2カップ）
油漬け黒オリーブ…350*g*
ブラウンシュガー（赤砂糖）…ひとつ

まみ
ローズマリー…小さじ1
すりおろしたオレンジピール（皮）…1個分
つぶしたニンニク…2片
きざんだトウガラシ…小1本
オリーブ油…½カップ

1. オリーブの油を切り，そのオリーブ油を少量，鍋に入れる。
2. オリーブを鍋に入れ，つやが出るまで少なくとも5分炒める。
3. オリーブをボウルに移し，ブラウンシュガー，ローズマリー，オレンジピール，ニンニク，トウガラシを加え，混ぜあわせる。粗熱がとれてから供する。

………………………………………

◉カポナータ（シチリア風ナスのサラダ）

アンナ・タスカ・ランツァ『シチリアの心 *The Heart of Sicily*』より。

カポナータ（Caponata）は「シチリア風キャヴィア」とも呼ばれ，もっとも有名なシチリア料理のひとつ。

カポナータの起源は不明だが，南フランスのラタトゥイユ（ratatouille）やギリシアのムサカ（moussaka）のようなナス料理の仲間に入る。

このシチリア料理が特別なのはその甘酸っぱい味つけで，これはシチリア料理に伝統的なものだが，起源は調味料に魚醤（ぎょしょう）のガルム（garum）と蜂蜜をもちいていた古代ローマ時代にまでさかのぼる。

（8〜10人分）
ナス（皮をむいて2.5センチ角に切る）…1キロ
揚げ油
塩…適量
タマネギ（縦方向に薄切りにする）…大1個
オリーブ油…¼カップ（60*ml*）
トマトソース（必要に応じて増やす）…1½カップ（375*ml*）
セロリ（茎の硬い部分と繊維をとりのぞいて，厚めの薄切りにし，湯通ししたもの）…1束
緑オリーブ（種をとって三つ切りにしたもの）…¾〜1カップ（170*g*）
ケーパー（洗って水を切っておく）…大さじ4（60*g*）
砂糖（好みに合わせて増やす）…大さじ1（15*g*）
ワインヴィネガー…¼カップ（60*ml*）
飾り用の固ゆで卵（殻をむいて半分に切る）
飾り用のきざみパセリ

1. 大きめのソテーパンに油を2.5センチの深さまで入れ，加熱する。ナスの角切りを一度にひとつかみずつ，焼き色がつくまで揚げる。ペーパータオルでよく油を切り，塩をふる。
2. タマネギをオリーブ油で5分ほど，きつね色になるまでソテーする。そこ

にセロリ，オリーブ，ケーパー，トマトソース，砂糖，ワインヴィネガーと，好みで塩を加える。
3. 2に，揚げたナスをくずれないように注意しながらそっと入れ，かき混ぜる。2〜3分煮たら，大きめのボウルか大皿にあけて冷ます。
4. カポナータを中央が高くなるように盛りつけ，周囲に固ゆで卵を飾り，きざみパセリを散らす。冷製または室温で供する。食べる前日につくっておくとさらにおいしい。

オリーブ油でつくるソースと調味料

◉ペスト（Pesto）

北イタリアのジェノヴァっ子にペストのレシピを尋ねても，おそらくレシピではなく，意見を聞かされるだろう！「あいにく，すべて目分量でつくっているのよ」と友人のマリア・フローラはいうが，季節によってプラーかリグリア海岸西部のどちらかで採れた，小さなとがった葉のバジルを一貫して使うというこだわりをもっている。

ようするに，ペストはバランスと好みなのだ。南イタリア人にとってのトマトソースのようなもので，誰もが独自のレシピをもっている。ペストには，好みによって材料の割合がさまざまに異なる何百種類ものレシピがある。

（4人分）
バジル…大4束
すりおろしたパルメザンチーズ…大さじ4〜5
すりおろした熟成ペコリーノチーズ［羊乳からつくるチーズ］…大さじ1
イタリア産松の実（輸入物の中国産松の実は風味がないので使わないこと）…100*g*
芽をとったニンニク…1片
オリーブ油…適量
塩…適量

1. バジルの葉は不要な部分を手でとりのぞいて水洗いし，傷つけないようにそっと水気を切り，乾かす。
2. すべての材料をブレンダーまたはミキサーにかける。もしくはバジルの葉，松の実，ニンニクを包丁で細かくきざみ，チーズ，塩，オリーブ油を加えて混ぜる（昔は乳鉢ですりつぶしていた）。塩を少し加えると，バジルが黒く変色するのを防ぐことができる。バジルから出る汁気はすりおろしチーズが吸収する。
3. ペコリーノチーズはとても塩辛いので，味を見ながら塩を足す。エクストラヴァージンオリーブ油を少しずつ加え，ペースト状になったらできあがり。

◉トレネッテ（リングイネ）・アル・ペストのジャガイモとサヤインゲン添え

（1人分）
トレネッテ，またはリングイネ（パスタ）…1人分
ジャガイモ…小1個
サヤインゲン…5〜6本
ペスト…適量

1. 鍋に湯をわかし，沸騰したらサヤインゲンを入れる。ゆであがったら，とりだす。つづいてトレネッテ（またはリングイネ）と角切りにしたジャガイモをゆでる。
2. ペストにパスタのゆで汁を少し加えてかき混ぜる。
3. 湯切りしたパスタ，ジャガイモ，サヤインゲンを別のボウルに入れ，2のペストソースをかける。ペストは必ず上からかけること。パスタの下にしくと，その熱でチーズが溶けてしまう。お好みでエクストラヴァージンオリーブ油を加える。

ペストはほかに，ジャガイモのニョッキ［ジャガイモ，小麦粉などでつくるだんご型のパスタ］と和えたり，ミネストローネ（小麦粉，水，塩でつくる素朴なパスタ，タリエリーニが入ったもの）に加えたりしてもおいしい。ミネストローネに入れる場合は，スープをつくる際にペストを大さじ2〜3加える。

◉バーニャカウダ

バーニャカウダ（Bagna cauda）は，イタリア北西部ピエモンテ地方の18世紀のレシピで，料理が多くの場合，異文化間の交易や交流から生まれるという事実をまさに証明している。

事実，このソースのふたつの材料――アンチョビ［カタクチイワシ］とオリーブ油――はピエモンテ産ではない。いずれもリグリア地方産だが，かつてはピエモンテでもオリーブの木が栽培されていたことは注目に値する。

この料理は，リグリア地方の漁師とピエモンテ地方の農民との交易のたまものだ。漁師はピエモンテの渓谷をのぼり，塩や魚の塩漬けを，ピエモンテのニンニク，バター，チーズ，野菜と交換した。

バーニャカウダは伝統的にブドウの収穫の終わりとワインの新酒を祝って食べられた。1766年の料理本『パリ風ピエモンテ料理 *Il cuoco piemontese perfezionato a Parigi*』にはじめて記録され，「『貧乏人のソース』と呼ばれているソース」と記されている。

ピエモンテ地方の貧しい農民の食事はたいてい，自分の畑でわずかに採れる野菜と，物々交換で手に入れられる食物だった。かつてはこのソースをつけるべき野菜は，アーティチョークの一種のカルドン（キエリやアスティ周辺で採れる白いカルドン）だけだった。

ニンニク…¾玉（1人分）
アンチョビ…50*g*
オリーブ油…750*ml*
バター…適量
塩…適量
カルドン，パプリカ，エルサレムアーティチョーク（キクイモ），キャベツ，カブ，ビートの根など…適量

1. ニンニクを割って鱗片に分け，皮をむき，芽をとりのぞく。これを深鍋に入れ，ニンニクが隠れるくらいに牛乳を加え，やわらかくなるまで煮る（包丁の先で刺してみて確かめる）。
2. やわらかくなったら牛乳を捨て，ニンニクをまな板にのせて粗みじんに切る。ファインソルト（細粒塩）をふりかけ，細かくなるまでさらにきざむ。それをオリーブ油のなかに入れる。
3. アンチョビを塩抜きしたあと酢で洗い，乾かしてから細かくきざむ。それを2のニンニク入りオリーブ油に加える。
4. 材料が溶けて均一になるまで，油を沸騰させないように，かき混ぜながら弱火で加熱する。
5. 20分ほど加熱したら，小さく切ったバターを加える。バターが溶けたら，バーニャカウダを食卓に運び，沸騰させないようにアルコールランプで温めながら，薄く切った野菜をつけていただく。

……………………………………………

◉アイヨリ

アイヨリ（Aioli）は，基本的にはニンニクの入ったマヨネーズ。プロヴァンス地方の一番人気のレシピのひとつで，ふつうはゆで野菜につけて食べる。

（4人分：1カップ）
新鮮なニンニク…6片
卵黄（室温にもどしておく）…2個分
塩…ひとつまみ
エクストラヴァージンオリーブ油…1カップ（225*ml*）

1. ニンニクを乳鉢ですりつぶし，ペースト状にする。塩と卵黄1個を加え，ゆっくりとしっかりかき混ぜる。残りの卵黄を加え，さらにむらなくかき混ぜる。
2. 1にオリーブ油を少しずつ，ソースがどろりとしてくるまで加える。フォークがまっすぐ立つくらいの固さになったらできあがり。

……………………………………………

◉オリーブペースト

ブルスケッタとともに，オリーブペーストは地中海沿岸地域でもっともよく知られる最古のオリーブ料理のひとつ。古代のアテナイでは露店商人が売っていたらしく，古代ローマの宴会では前菜（グスタチオ）として出されていた。

コルメラは完熟黒オリーブの塩漬けに，

コロハ，クミン，フェンネルの種子，エジプト産アニスで風味づけしたオリーブペーストのレシピを残している。

プロヴァンス風オリーブペースト，タプナード（tapenade）は，そのおもな材料のひとつ，ケーパーを意味するプロヴァンス語「tapéno」に由来する。タプナードは伝統的に，パンに塗るか，パスタのトッピングとして食される。

オリーブペーストはプロヴァンス料理として知られているが，オリーブが栽培されている場所ならどこででも食べられており，地中海沿岸各地にさまざまなオリーブペーストがある。

タプナードと併せて，おそらく聖書の時代にまでさかのぼると考えられるイスラエルのレシピも紹介したいと思う。このレシピが特別なのは，ほかの香辛料とともに，ユダヤ人にとって神聖な果物シトロンを加えていることで，これによりフランスのタプナードよりずっと東洋風の味になっている。

....

◉黒オリーブペースト

種をとった黒オリーブ…450g
オリーブ油…大さじ3
ニンニク…1片
レモン，またはシトロンの搾り汁…大さじ1
みじん切りにしたクミン，マージョラム，パセリ，新鮮なコリアンダー…ひとつまみ

1. すべての材料を乳鉢ですりつぶし，ペースト状にする。
2. 1にオリーブ油をたらし，クリーム状になるまで混ぜる。
3. 冷蔵庫でひと晩冷やし，室温で供する。

....

◉タプナード

緑オリーブ，またはカラマタ種オリーブ…225g
水気を切ったケーパー…大さじ1½
アンチョビ（フィレ）…2〜6切れ
オリーブ油…大さじ2
ニンニク（みじん切り，またはつぶしたもの）…大2片
新鮮なレモンの搾り汁…少々
タイム，ローズマリー，黒コショウ…お好みで

つくり方は前述の黒オリーブペーストと同じ。

主菜と副菜

◉オリーヴェ・アスコラーネ

オリーヴェ・アスコラーネ（Olive ascolane）は，広大なオリーブ園が広がる，イタリア，マルケ地方の代表的な料理。この地方の都市アスコリピチェーノにちなんで名づけられたこのレシピは，19世紀末にまで

さかのぼる古いものだ。

野生のフェンネルの種子とさまざまな地元産の香りのよいハーブで風味づけしたやわらかな塩水漬けオリーブに，子牛肉，豚肉，プロシュットクルード（生ハム）などをパルメザンチーズや種々の香辛料といっしょに詰めたもの。

アスコリピチェーノ産の緑オリーブ…1キロ
子牛ひき肉…150g
豚ひき肉…150g
プロシュットクルード（生ハム）…100g
すりおろしたペコリーノチーズ…50g
すりおろしたパルメザンチーズ…50g
卵…4個
トマトペースト…適量
パン粉…適量
小麦粉…適量
ナツメグ…ひとつまみ
白ワイン…グラス½
オリーブ油，塩，コショウ…お好みで

1. 子牛と豚のひき肉を，油を引いたフライパンできつね色になるまでソテーする。塩，コショウを加え，白ワインをふりかける。
2. 白ワインが蒸発したらフライパンにふたをし，ひき肉にしっかり火を通す。
3. ひき肉をボウルに移し，細かくきざんだプロシュットクルード，すりおろしたチーズ，パン粉，ナツメグひとつまみ，トマトペースト，卵2個を加える。よく混ぜて，なめらかでどろりとしたペースト状にする。
4. オリーブの種をとり，なかに3を詰める。
5. 4に小麦粉をまぶし，残りの卵2個を溶いてくぐらせ，パン粉をつける。材料が隠れるくらいの高温の油で揚げる。熱々をいただく。

……………………………………………

◉アーティチョークの花托（かたく）とソラマメの煮込み

クラウディア・ローデン『新しい中東料理の本 *A New Book of Middle Eastern Food*』より。コプト教徒が四旬節に食べる料理のレシピ。四旬節の期間中，このキリスト教徒はあらゆる種類の動物性食品を控える。

アーティチョーク…6個
レモンの搾り汁…1個分
オリーブ油…大さじ2〜3
ニンニク…1片
砂糖…小さじ1
さやをむいたばかりの，または冷凍のソラマメ…500g
塩と黒コショウ…適量
小麦粉，またはトウモロコシ粉…大さじ1

1. 若いアーティチョークを購入し，ガク，茎，花蕊（かずい）［花托の上のオシベとメシベ］をとりのぞく。基部の花托部分のみ使う。

2. 変色防止のため，花托にレモンの搾り汁をこすりつけ，レモン水150*ml*に漬ける。
3. 大きめの鍋に2の花托とレモン水，オリーブ油，ニンニク，砂糖を入れる。さらにソラマメを加え，塩とコショウで味を調える。必要に応じて，材料が隠れるくらいに水を足す。
4. 弱火で45分ほど，花托とソラマメがやわらかくなり，煮汁がかなり少なくなるまで煮込む。
5. 小麦粉またはトウモロコシ粉を少量の冷水で溶き，なめらかなペースト状にする。そこに熱い煮汁を少量加え，よくかき混ぜる。
6. 5を鍋に少しずつ，かき混ぜながら加える。ソースにとろみがつき，小麦粉の粉臭さが消えるまで，ときどきかき混ぜながら弱火で煮る（15分ほど）。できあがったら，皿に盛る。熱々を副菜として供する。

……………………………………………

◉砕いた緑オリーブを使ったモロッコ風鶏肉の煮込み

マギー・ブライズ・クライン『オリーブのごちそう』より。

（4人分）
砕いた緑オリーブ…2カップ（500*g*）
オリーブ油…大さじ4（60*ml*）
鶏肉…1羽（1.8キロ）
塩とコショウ…お好みで
きざんだ新鮮なショウガ…小さじ1
きざんだニンニク…3片
クミンシード（乳鉢で細かくすりつぶしたもの）…大さじ1
砕いたサフランのメシベ（乾燥）…多めのひとつまみ
チキンストック（できれば手づくりのもの）…2½カップ（560*ml*）
サニーレタスの葉，またはカーリーエンダイブ…適量
新鮮なレモンの搾り汁…¼カップ（60*ml*）
すりおろしたレモンの皮…1個分

1. オリーブの種をとってソースパンに入れ，オリーブが隠れるくらいに水を加える。沸騰させ，15分ほどゆでる。
2. 1の湯を切り，新たに水を入れる。再び15分ほどゆでたら，また湯を切っておく（こうすることでオリーブの苦味は薄れるが，鮮やかな緑色はあせる）。
3. 大きめの厚手のキャセロール鍋を中火にかけ，オリーブ油大さじ2を温める。鶏肉をすべて入れ，15分ほどソテーして全体にこんがりと焼き色をつける。鍋からとりだし，塩とコショウをふる。
4. 鍋に残った油を切る。残りのオリーブ油大さじ2を同じ鍋に入れ，中火で温める。そこにショウガ，ニンニク，クミンシード，サフランを加え，1分炒める。つづいてチキンストックを加え，よくかき混ぜる。
5. 3の鶏肉を鍋にもどし，ふたをして片面を12分加熱する。鶏肉をひっくり返し，再びふたをしてもう片面を

12分加熱する。鶏肉はしっかり火を通すこと。焼け具合は包丁の先で刺して確かめる。まだ火が通っていなければ，さらに数分加熱し，再び確かめる。
6. 大皿にレタスをしく。鶏肉を鍋の煮汁からとりだし，レタスの上にのせる。
7. 鍋の煮汁にレモンの搾り汁を加え，ソースに少しとろみがつくまで強火で煮詰める。そこにオリーブを加え，温まるまで加熱する。穴あきスプーンですくって，オリーブを鶏肉の上に散らす。ソースをボウルに入れ，鶏肉に添える。鶏肉にレモンの皮を飾る。

……………………………………………

◉スパゲティ・アーリオ・オーリオ・エ・ペペロンチーノ

オリーブ油，ニンニク，トウガラシで味つけする「スパゲティ・アーリオ・オーリオ・エ・ペペロンチーノ（Spaghetti aglio, olio e peperoncino）」は，誰もが知っているイタリア料理だ。南イタリアの家庭で抜群の人気を誇るパスタ料理でもある。週末に郊外からもどって冷蔵庫が空っぽでも，ささっと手早くつくれる。イタリアでこの材料を常備していない家庭はまずない。

ニンニクにかんしては，「油で揚げる派」と「生のまま加える派」のふたつに分かれる。

著者の場合は，材料はすべて必ず新鮮なものを使うことにしている。このパスタは新鮮でないニンニクでつくるとおいしくないし，オリーブ油にはぴりりとした辛味がなければならない。つまり，新しいオリーブ油が理想的なのだ。

ここでは材料の細かな分量を紹介するのはやめて，著者のつくり方をざっとお教えしよう。

1. ニンニク2片とトウガラシ小1本をいっしょにきざみ，それをオリーブ油1カップに加え，少なくとも1時間煮る。
2. パスタがゆであがったら湯切りし，1の風味づけしたオリーブ油を入れたボウルに加え，かき混ぜる。仕上げに，お好みですりおろしたペコリーノチーズ大さじ1をかければ，できあがり。

……………………………………………

◉ブロッコリーと黒オリーブのオーブン焼き

アンナ・タスカ・ランツァ『シチリアの心』より。

（4〜6人分）
ブロッコリー…約1キロ
みじん切りにしたタマネギ…小1個
オリーブ油…½カップ（125ml）
塩漬け黒オリーブ（種をとって薄切りにしたもの）…½カップ（75g）
塩…適量
黒コショウ…適量
すりおろしたペコリーノ，またはパルメザンチーズ…½カップ（50g）
細切りにしたモツァレラチーズ（お好みで）…250g

1. ブロッコリーの房を5センチの大きさに切り，塩を多めに入れた水で5分ほどアルデンテ［歯ごたえが残るくらいの固さ］にゆでる。ゆであがったら，湯を切る。
2. タマネギをオリーブ油半量で軽くきつね色になるまで2〜3分ソテーする。フライパンを火から離し，オリーブを加える。
3. オーブンを190℃に予熱する。オーブン皿（20×30センチ）にオリーブ油約大さじ1を塗る。
4. ブロッコリーをオーブン皿に広げ，2のタマネギとオリーブを混ぜ入れる。お好みで残りのオリーブ油を加え，塩とコショウで味を調える（オリーブとチーズに塩気があるのを忘れないこと）。
5. ブロッコリーの上からペコリーノチーズ半量をかけ，お好みでその上にモツァレラチーズをのせる。残りのペコリーノチーズをいちばん上に散らす。
6. 表面にこんがり焼き色がつくまで，20〜30分ほどオーブンで焼く。熱々もしくは室温に冷まし，副菜として供する。

●オリーブ入りフォカッチャ

（生地の材料）
セモリナ粉…3½カップ（500*g*）
生イースト…大さじ1½（12*g*）
水…1カップ（190*ml*）
オリーブ油…½カップ（125*ml*）
白ワイン…½カップ（125*ml*）
塩…大さじ½

（トッピングの材料）
種をとった黒オリーブ…¾カップ（100*g*）
ローズマリーの枝…2本
オリーブ油…適量
海塩…ひとつまみ

1. セモリナ粉の中央にくぼみをつくり，そこにイーストを入れる。少しずつ水（約70*ml*）を加えてイーストを溶かしながら，両手で混ぜる。
2. オリーブ油，白ワインの順に生地に練りこみ，さらに水を加える。塩を加え，必要に応じて，水を足す。
3. 生地を8分ほど練ったら（かなり粘りが出る），油を塗った大きめのボウルに移し，タオルでおおって暖かい場所で30分ほど醗酵させる。
4. オーブンを200℃に予熱する。
5. 大きめの底が抜けるようになった丸いケーキ型に生地を入れ，さらに10分醗酵させる。
6. 生地の表面に指を差しこんでくぼみをつくる。種をとったオリーブをくぼみに入れ，ローズマリーと海塩を散らし，オリーブ油をたらす。きつね色になるまで40分ほどオーブンで焼く。

●プルーンとオリーブを使ったモロッコ風ラム肉のタジン

マギー・ブライズ・クライン『オリーブのごちそう』より。

タジン（Tagine）はモロッコの代表的な郷土料理で，これはプルーン［干しスモモ］の甘酸っぱさと緑オリーブの苦味が絶妙なコントラストをかもしだす一品。ブルグア［ひき割り小麦を湯通しして乾燥させたもの］やクスクス［小麦粉からつくる粒状のパスタ］にかけて食べる。

（8人分）
オリーブ油…大さじ3
ラム肩肉（脂肪をとりのぞき，ひと口大に切ったもの）…2.7キロ
塩…小さじ1
砕いたサフランのメシベ（乾燥）…ひとつまみ
カイエンペッパー（粉末トウガラシ）…多めのひとつまみ
細かくきざんだ新鮮なショウガ…小さじ山盛り1
粉末シナモン…小さじ½
黄タマネギ（半分をみじん切り，半分を薄切りにしたもの）…1個
ニンニク（皮をむき，きざんだもの）…2片
大粒黒オリーブの塩水漬け（できればモロッコ産もしくはアンフィッサ産のもの）…¾カップ
プルーン（種をとって，湯でふやかしたもの）…225g
軽く煎ったゴマ…大さじ1
蜂蜜…小さじ1½
きざんだ新鮮なコリアンダー…1束
無塩バター…大さじ2
酸味の強いリンゴ（皮をむいて芯をとり，薄切りにしたもの）…2個

1. 厚手のキャセロール鍋にオリーブ油を入れ，中火で温める。そこにラム肉を加え，ソテーする。トングを使ってひっくり返し，全体にこんがり焼き色をつける。
2. 1に塩，サフラン，カイエンペッパー，ショウガ，シナモン，タマネギのみじん切り，ニンニクを加え，材料が隠れるくらいに水を入れる。よくかき混ぜながら加熱し，煮立ったらふたをして，やわらかくなるまで弱い中火で1時間ほど煮る。
3. 2にオリーブ，プルーン，ゴマ，蜂蜜，コリアンダーの葉，タマネギの薄切りを加え，よくかき混ぜる。再びふたをし，5分ほど煮て味をなじませる。
4. フライパンを中火にかけ，バターを溶かす。リンゴの薄切りを入れ，ソテーする。一度ひっくり返し，やわらかくなるまで10分ほど加熱する。
5. 3を器に盛りつけ，4のリンゴの薄切りを飾る。

……………………………………

◉メロマカロナ

リン・アリー『失われた技術』より。

メロマカロナ（Melomakarona）は，

ギリシアでクリスマスに食べられる伝統的なクッキー。紀元前8世紀頃にギリシアとシチリア島にやってきたフェニキア人にちなんで，フォエニカ（Phoenika）とも呼ばれる。今日ではオリーブ油の代わりにバターを好んで使う人もいるが，昔は使われる脂肪はきまってオリーブ油だった。このレシピの分量は約24個分。

（クッキーの材料）
中力粉…3¼カップ（450*g*）
セモリナ粉…1½カップ（210*g*）
砂糖…⅓カップ（70*g*）
ベーキングパウダー…小さじ2
すりおろしたオレンジとレモンの皮…各1個分
粉末クローヴ…小さじ1
粉末シナモン…小さじ1
オリーブ油…1カップ
新鮮なオレンジの搾り汁…1カップ
ブランデー…½カップ（110*ml*）

（シュガーシロップの材料）
砂糖…1カップ（200*g*）
蜂蜜…1カップ（350*g*）
水…2カップ（450*ml*）
シナモンスティック…1本
クローヴ（ホール）…6個
ナツメグ（ホール。砕いておく）…1個
オレンジピール…1切れ
レモンピール…1切れ

（トッピングの材料）
きざんだクルミ…1カップ（115*g*）
粉末クローヴ…小さじ2

1. 中力粉にセモリナ粉，砂糖，ベーキングパウダー，すりおろしたオレンジとレモンの皮，香辛料，オリーブ油，オレンジの搾り汁，ブランデーを加えてこね，生地をつくる。
2. 生地をボール状にまとめ，おおいをかけ，1時間半休ませる。
3. オーブンを190℃に予熱する。
4. 生地を大さじ1杯すくいとり，楕円形に成形してクッキーシート［クッキー用の天板］にならべ，フォークで軽くつついて穴を空ける。うっすら焼き色がつくまで，オーブンで25分焼く。
5. クッキーを焼いているあいだに，シュガーシロップをつくる。ソースパンに砂糖，蜂蜜，水，香辛料，オレンジピール，レモンピールを入れて混ぜあわせ，煮立たせる。少しとろみがつくまで，10分ほど煮る。シュガーシロップをこし，ボウルに入れる。
6. クッキーをオーブンからとりだし，完全に冷ます。1枚ずつシュガーシロップにさっとひたし，クッキーシートにおく。きざんだクルミと粉末クローヴを散らす。

....

●カッサテッレ

カッサテッレ（Cassatelle）は，シチリア島東部の伝統菓子のなかでもっとも

人気があるもののひとつ。その昔，庶民が手持ちのわずかな材料でやりくりしなければならなかった食糧難の時代に食べられていた菓子だ。リコッタは，牛や雌羊の乳からチーズの原料となるカード（凝乳）をとったあとに残るホエー（乳清）でつくられるため，昔から「貧乏人のチーズ」と呼ばれていた。ホエーをリコッタ（re-cotta，「再び加熱（re-cooked）」の意）すると，おなじみのクリーミーなチーズができた。この揚げ菓子も驚くほどシンプルな材料でつくれるが，とてもおいしい。秘訣はたっぷりのオリーブ油で揚げること。

白ワイン…1½カップ（375*ml*）
オリーブ油…½カップ（125*ml*）
セモリナ粉…500*g*
塩…ひとつまみ
リコッタチーズ…250*g*
砂糖…大さじ6（90*g*）
シナモン…大さじ1（15*g*）
デコレーション用のシナモン…適量
デコレーション用の粉砂糖…適量
揚げ油用のオリーブ油

1. 白ワインとオリーブ油を合わせて加熱し，温める（熱くならない程度に）。
2. セモリナ粉の中央にくぼみをつくる。そこに1と塩を入れ，手でよく混ぜ，こねる。
3. リコッタチーズ，砂糖，シナモンを混ぜておく。
4. ローラーダイヤルを1（最大の厚さ）にセットしたパスタマシンに生地を通す。生地をその都度ふたつに折り，5回ほどのばす。なめらかになったら，ダイヤルを2（2番目の厚さ）にセットし，同じように生地をふたつに折ってさらに2〜3回のばす。つづいてダイヤルを3（3番目の厚さ）にセットし，同様に2〜3回のばす。
5. 打ち粉をした作業台の上に，のばした生地を広げ，直径10センチのクッキー型で丸い形に抜く。
6. 生地の片側半分に3のリコッタチーズをのせる。縁を水で湿らせ，半分に折る。縁を指でつまんで接着する。残りの生地も同様につくる。
7. 揚げ鍋にオリーブ油を深さ4センチになるまで入れて加熱し，6の生地を揚げる。ときどきひっくり返しながら，濃いきつね色になるまで3分ほど揚げる。
8. ペーパータオルで油を切り，粉砂糖とシナモンをふりかける。温かいうちに供する。

注

第1章　オリーブの起源

(1)　Sandro Vannucci, 'Storia dell'olio', in *L'ulivo e l'olio* (Milano, 2009), pp. 26-71.
(2)　Maggie Blyth Klein, *The Feast of the Olives: Cooking with Olives and Olive Oil* (San Francisco, ca, 1994), p. 3.
(3)　Vannucci, 'Storia dell'olio', p. 32.
(4)　Pliny the Elder, *The Natural History*, ed. John Bostock and H. T. Riley (London, 1855), Book XV, chap. 3.［大プリニウス『プリニウスの博物誌』全3巻，中野定雄ほか訳，雄山閣出版，1986年刊］
(5)　Vannucci, 'Storia dell'olio', p. 44.
(6)　Massimo Montanari, 'Il sacro e il quotidiano. La cultura dell'olio nel Medioevo europeo', in *Il dono e la quiete il mare verde dell'olio*, ed. Paolo Anelli (Perugia, 1999), pp. 71-4 and Massimo Montanari, 'Olio e vino, due indicatori culturali', in *Olio e vino nell'alto Medioevo* (Spoleto, 2007), pp. 1460.
(7)　Massimo Mazzotti, 'Enlightened Mills: Mechanizing Olive Oil Production in Mediterranean Europe', *Society for the History of Technology*, 45 (2004), pp. 277-304.

第2章　宗教とオリーブ

(1)　Fernand Braudel, *The Mediterranean and the Mediterranean World in the Age of Philip II* (London, 1972), p. 24.［フェルナン・ブローデル『地中海』全5巻，浜名優美訳，藤原書店，1991～1995年刊］
(2)　Giancarlo Baronti, *L'olio e l'olivo nelle tradizioni popolari*, Museo dell'Olio e dell'Olivo (Perugia, 2001), p. 124.
(3)　John Boardman, 'The Olive in the Mediterranean: Its Culture and Use', *Philosophical Transactions of the Royal Society, London*, 275 (1976), p. 192.
(4)　Columella, *On Agriculture*, 3 vols, trans. Harrison Boyd Ash, E. S. Forster and Edward H. Heffner (Boston, 1941-55).
(5)　Paolo Branca, '"E fa crescer per voi… l'olivo… e le viti e ogni specie di frutti": Vino e olio nella civiltà Arabo-Mussulmana' in *Olio e vino nell'alto Medioevo* (Spoleto, 2007), pp. 671-706.

(6) Cristina Acidini Luchinat, 'Olivo e olive. Immagini dall'Antichità al Rinascimento', in *Olivo, tesoro del mediterraneo* (Florence, 2004), p. 139.
(7) Maguelonne Toussaint-Samat, *History of Food*, trans. Anthea Bell (Oxford, 1997), p. 215. [マグロンヌ・トゥーサン＝サマ『世界食物百科——起源・歴史・文化・料理・シンボル』，玉村豊男監訳，原書房，1998年刊]
(8) Claudia Roden, *A New Book of Middle Eastern Food* (London, 1986), p. 352.

第3章　収穫，搾油，保存

(1) Andrew Dalby, *Cato: On Farming* (Totnes, Devon, 1998), chap. 80.
(2) Don and Patricia Brothwell, *Food in Antiquity: A Survey of the Diet of Early Peoples* (London, 1969), p.
(3) Antonio Carpuso and Sara De Fano, *L'olio di oliva dal mito alla scienza* (Roma, 1998), p.
(4) Maguelonne Toussaint-Samat, *A History of Food*, trans. Anthea Bell (Oxford, 1994), p. 216. [マグロンヌ・トゥーサン＝サマ『世界食物百科——起源・歴史・文化・料理・シンボル』，玉村豊男監訳，原書房，1998年刊]
(5) Dalby, *Cato: On Farming*, ch. 64.
(6) Pliny the Elder, *The Natural History*, ed. John Bostock and H. T. Riley (London, 1855), book XV. [大プリニウス『プリニウスの博物誌 第II巻』，中野定雄ほか訳，雄山閣出版，1986年刊]
(7) Cato and Varro, *On Agriculture*, trans. W. D. Hooper and Harrison Boyd Ash (Boston, 1934).
(8) Archestrato di Gela, *I piaceri della mensa* (*frammenti 330 a.C.*) (Palermo, 1987), p. 43.
(9) Dalby, *Cato: On Farming*, chap. 119.
(10) Brothwell and Brothwell, *Food in Antiquity*, p. 46.
(11) Maggie Blyth Klein, *The Feast of the Olives: Cooking with Olives and Olive Oil* (San Francisco, ca, 1994), p. 13.
(12) Giovanni Enrico Agosteo, 'La manifattura dell'olio d'oliva in Sicilia: dalla raccolta delle olive all'estrazione dell'olio', in *La Sicilia dell'olio* (Catania, 2008), pp. 143-6.
(13) Jean-Louis Flandrin, 'Le gout et la nécessité: sur l'usage des graisses dans les cuisine d'Europe occidentale (XIV–XVIII)', in *Annales Économies, Sociétés, Civilisations*, 38 (1983), pp. 369-401.

第４章　新大陸に伝わったオリーブ

(1)　Judith M. Taylor md, *The Olive in California: History of an Immigrant Tree* (Berkeley, ca, 2000), p. 25.
(2)　Simone Cinotto, *Una famiglia che mangia insieme, cibo ed eticità nella comunità italoamericana di New York, 1920-1940* (Turin, 2001), p. 327.
(3)　Mario Puzo, quoted ibid., p. 2.
(4)　Ibid., p. 332.
(5)　Sandro Vannucci, 'Storia dell'olio', in *L'ulivo e l'olio* (Milano, 2009), p. 66.
(6)　Maggie Blyth Klein, *The Feast of the Olives, Cooking with Olives and Olive Oil* (San Francisco, ca, 1994), pp. 18-19.
(7)　Mort Rosenblum, *Olives: The Life and Lore of a Noble Fruit* (New York, 1997), p. 290.［モート・ローゼンブラム『オリーヴ讃歌』，市川恵里訳，河出書房新社，2001年刊］
(8)　Taylor, *The Olive in California*, pp. 50-51.
(9)　Ibid., p. 55.

第５章　地中海式ダイエット

(1)　Simone Cinotto, *Una famiglia che mangia insieme, cibo ed eticità nella comunità italoamericana di New York, 1920-1940* (Turin, 2001), p. 157.
(2)　Anne Meneley, 'Like an Extra Virgin', *American Anthropologist*, CIX/4 (2007), p. 679.
(3)　Piero Camporesi, *Le vie del latte* (Milan, 1993), pp. 107-8.
(4)　アン・メニリー『エクストラヴァージンのように *Like an Extra Virgin*』, p.679。ダフネ・ミラー博士（Daphne Miller）が書いているように，たしかにポリフェノールが豊富にふくまれていることも，オリーブ油が心臓にとてもよい理由のひとつだろう。しかしスペインのバルセロナ大学の研究者ルイス・セラ＝マジェム博士は，オリーブ油がなぜそんなに健康によいとされるのか，さらに別の理由もいくつかあげている。博士はスペインの成人1600人に，食生活にかんするアンケートを実施した。その結果，オリーブ油をたくさんとっている人は，青野菜や全粒穀物，魚などをよく食べる傾向があり，それに対しオリーブ油を敬遠する人は，甘いものや加工穀類，精製されたパン，それに精製植物油や動物性脂肪をたっぷりふくんだ食品をよく食べる傾向があることがわかったという。これはいったい何を意味するのだろうか。オリーブ油は地中海式ダイエットの成功にあやかっただけだったの

だろうか？　ひょっとするとオリーブ油は，健康によい食べ物を選ぶ人々にたまたま選ばれた食品にすぎなかったのかもしれない。詳細についてはダフネ・ミラー『ジャングル効果 *The Jungle Effect*』（New York, 2008），p.119を参照のこと。

（5）David Kamp, *The United States of Arugula* (New York, 2006), p. 217.

（6）Meneley, 'Like an Extra Virgin', p. 679.

（7）'Olive Oil Sales Boom in UK Shops', *BBC News*, 13 January 2006.

（8）この議論は現在，脂肪がどのようにつくられたか――コールドプレス［圧搾の過程で加熱処理しない製法］なのか，有機栽培なのか，一番搾りなのか，不純物をふくまないのか，あるいは動物性脂肪なら飼料は何かなど――に焦点が移っている。ミラー『ジャングル効果 *The Jungle Effect*』を参照のこと。

ファブリーツィア・ランツァ（Fabrizia Lanza）
食物研究家。1961年，シチリア島（イタリア）の旧家に生まれる。学芸員として美術館に勤務した後，料理研究家の実母が創設したアンナ・タスカ・ランツァ・シチリア料理学校の経営を引き継ぐ。ボストン大学，イスタンブール料理学校その他，世界各地で食物文化について講義をする。

伊藤綺（いとう・あや）
翻訳家。訳書に，ヘザー・デランシー・ハンウィック『お菓子の図書館　ドーナツの歴史物語』，キャサリン・M・ロジャーズ『「食」の図書館　豚肉の歴史』，ジョエル・レヴィ『図説　世界史を変えた50の武器』，ジェレミー・スタンルーム『図説　世界を変えた50の心理学』，クライヴ・ポンティング『世界を変えた火薬の歴史』，チャールズ・ペレグリーノ『タイタニック――百年目の真実』（以上，原書房）などがある。

「食《しょく》」の図書館《としょかん》

オリーブの歴史《れきし》

●

2016年4月27日　第1刷

著者……………ファブリーツィア・ランツァ
訳者……………伊藤《いとう》 綺《あや》
装幀……………佐々木正見
発行者……………成瀬雅人
発行所……………株式会社原書房

〒160-0022 東京都新宿区新宿 1-25-13
電話・代表 03(3354)0685
振替・00150-6-151594
http://www.harashobo.co.jp

印刷……………新灯印刷株式会社
製本……………東京美術紙工協業組合

ISBN 978-4-562-05317-9, Printed in Japan

パンの歴史《「食」の図書館》
ウィリアム・ルーベル／堤理華訳

変幻自在のパンの中には、よりよい食と暮らしを追い求めてきた人類の歴史がつまっている。多くのカラー図版とともに読み解く人とパンの6千年の物語。世界中のパンで作るレシピ付。 2000円

カレーの歴史《「食」の図書館》
コリーン・テイラー・セン／竹田円訳

「グローバル」という形容詞がふさわしいカレー。インド、イギリス、ヨーロッパ、南北アメリカ、アフリカ、アジア、日本など、世界中のカレーの歴史について豊富なカラー図版とともに楽しく読み解く。 2000円

キノコの歴史《「食」の図書館》
シンシア・D・バーテルセン／関根光宏訳

「神の食べもの」か「悪魔の食べもの」か？　キノコ自体の平易な解説はもちろん、採集・食べ方・保存、毒殺と中毒、宗教と幻覚、現代のキノコ産業についてまで述べた、キノコと人間の文化の歴史。 2000円

お茶の歴史《「食」の図書館》
ヘレン・サベリ／竹田円訳

中国、イギリス、インドの緑茶や紅茶のみならず、中央アジア、ロシア、トルコ、アフリカまで言及した、まさに「お茶の世界史」。日本茶、プラントハンター、ティーバッグ誕生秘話など、楽しい話題満載。 2000円

スパイスの歴史《「食」の図書館》
フレッド・ツァラ／竹田円訳

シナモン、コショウ、トウガラシなど5つの最重要スパイスに注目し、古代～大航海時代～現代まで、食はもちろん経済、戦争、科学など、世界を動かす原動力としてのスパイスのドラマチックな歴史を描く。 2000円

（価格は税別）

オリーブ入りフォカッチャ。オリーブ油とオリーブの実を使ったイタリアの伝統的なパン。
レシピは158ページ参照。

ていた。オリーブ油は毎月、ひとり当たり1パイント（約0・47リットル）が支給された。しかしオリーブは何ひとつ無駄にされなかったので、最後に残るサムサ（sampsa）と呼ばれる搾りかすからつくるオイルケーキの一種は、もっとも貧しい人々に与えられるか、塩とクミン、アニス、フェンネル、オリーブ油で味つけして市場で軽食として売られた。そのいっぽうで最高級の塩漬けオリーブは富裕層の食卓にしかのぼらなかった。

1970年代までずっと、シチリア島の大規模農園で働く労働者には毎月1リットルのオリーブ油を受けとる権利があった。労働者の毎日の昼食は、パン1キロ、ワイン1リットル、チーズ（ふつうはリコッタ）100グラム、それにオリーブひとつかみだった。夕食には、野生の葉野菜が入ったパスタ料理250グラムにありついた。大部分の農場労働者はパスタやパンをいつも食べられるわけではなかったので、この食事の割当量は望ましいものと考えられていた。

◉保存の方法

ローマ人は異なる成熟段階のオリーブを、さまざまな方法で保存した。オリーブ油製造のためのガイドラインを最初に定めたのがローマ人だったように、オリーブの保存法にかんし